农民教育培训系列教材

乡村振兴之
农村创业创新带头人

◎韦 勉 刘小平 唐 勇 主编

U0272098

中国农业科学技术出版社

图书在版编目（CIP）数据

乡村振兴之农村创业创新带头人／韦勉，刘小平，唐勇主编．—北京：中国农业科学技术出版社，2020.2

ISBN 978-7-5116-4615-6

Ⅰ.①乡…　Ⅱ.①韦…②刘…③唐…　Ⅲ.①农村-创业-经验-中国　Ⅳ.①F249.214

中国版本图书馆 CIP 数据核字（2020）第 025145 号

责任编辑	白姗姗
责任校对	贾海霞

出 版 者	中国农业科学技术出版社
	北京市中关村南大街 12 号　邮编：100081
电　　话	（010）82106638（编辑室）　　（010）82109702（发行部）
	（010）82109709（读者服务部）
传　　真	（010）82109698
网　　址	http://www.castp.cn
经 销 者	各地新华书店
印 刷 者	北京富泰印刷有限责任公司
开　　本	850mm×1 168mm　1/32
印　　张	6.125
字　　数	172 千字
版　　次	2020 年 2 月第 1 版　2020 年 2 月第 1 次印刷
定　　价	35.00 元

《乡村振兴之农村创业创新带头人》
编委会

前　　言

　　创新是社会进步的灵魂，创业是推动经济社会发展、改善民生的重要途径。党的十九大报告中提出要实施乡村振兴战略。乡村振兴，需要一大批敢为人先、奋勇拼搏的创业创新者。为激励更多人员返乡入乡在乡创新创业，党中央、国务院出台了一系列促进农民创业的政策，全国各地各有关部门把农村创业创新作为重大战略任务进行谋划实施，展开了创业创新带头人培训工作。为适应培训，特编写了《乡村振兴之农村创业创新带头人》一书。

　　本书首先对农村创业创新进行了概述，包括农村创业创新带头人的解读、农村创业创新的意义、乡村振兴与农村创业创新等内容；接着对农村创业创新带头人所须掌握的创业理论知识进行介绍，具体包括创业与创新的解读、创业者基本素养、熟悉农村创业创新政策、捕捉创业机会、选择创业模式和项目、筹措创业资金、制订创业计划、实施创业计划、管理创业团队等内容；最后精选了一些来自不同行业的农民成功创业创新的案例，详细介绍了创业者的创业经历和成功经验，希望能够引导广大农民在创业创新中学习借鉴。

　　由于时间仓促，编者水平有限，本书难免存在缺点和不足之处，敬请广大读者批评指正。

编　者
2019 年 12 月

目　录

第一章　农村创业创新概述

第一节　农村创业创新带头人的解读

一、什么是农村创业创新带头人

"带头人"顾名思义，是指首先起来带领别人前进的人。因此，创业创新带头人可以理解为在创业创新方面具有引领作用的人。

农村创业创新带头人以返乡入乡创新创业农民工、中高等院校毕业生、退役军人、科技人员和在乡创新创业人员为主，且优秀的农村创业创新带头人符合下列基本条件。

一是爱国守法、自觉维护社会主义核心价值观，爱农业、有文化、懂技术、会经营、善管理。

二是在农村新产业、新业态、新模式发展上取得突出成绩，特别是在转型发展、绿色发展、高效发展上成绩显著。

三是做给农民看、带着农民干、帮着农民赚，有效吸纳或促进了当地农民就业创业增收。

四是未发生过严重违法、违规、违纪事件和重大安全事故。

二、农村创业创新带头人的类型

1. 创办家庭农场人员或种养大户

主要指具有先进的种养技术，并且是当地种养能手。

生产经营或销售方面有创新或有独到之处，经济效益较好。生产的农产品达到农产品质量安全要求。

2. 创办、领办各类农民合作社人员

主要指农民合作社创办人或主要负责人。

合作社有健全的规章制度和财务制度，管理规范透明，在当地有很好的口碑。在生产技术、经营管理、品牌建设、产品营销等方面有所创新或有独到之处。

加入合作社的农户（农民）数量较多，增收效果明显。

3. 创办农村一二三产业的企业或服务组织人员

主要指创办现代种养业、乡土特色产业、农产品加工流通业、休闲农业与乡村旅游、乡村服务业、农村电商等企业或服务组织的创办人或主要负责人。

企业或服务组织在生产经营、节能环保、营销方式、益农信息服务等方面有重大创新或成功应用数量较大的微创新，与同行业相比市场竞争力较强，经济效益较好。

第二节　农村创业创新的意义

广大农民在党的强农惠农富农政策引导下，在现代农业和新农村建设的实践中，积极投入大众创业、万众创新的浪潮，具有十分重要的意义。

一、促进区域经济结构调整

当前农民创业的主体主要集中在返乡创业农民工群体，他们通过在外务工，形成了创业资金、技术、信息、人力资本等方面的优势，与家乡自然地理、创业政策等优势资源整合，带动了当地经济社会发展。全国农民工返乡创业试点区、国家"双创"示范基地贵州省遵义市汇川区就是通过农民创业盘活农村闲置资源，培育农村新产业、新业态，调优农业产业结构，促进农村一二三产业融合发展，有效促进了乡村振兴战略实施。如返乡农民工创办的梦润鹌鹑、大坡葡萄、杨老大米粉等一批特色种植养殖基地和农产品加工企业迅猛发展，带动了特色种植养殖、农产品精深加工、餐饮服务、乡村旅游等产业蓬勃发展，形成了以山地高效特色农业、农旅一体化、农产品精深加工等为主导的现代农业产业集群。

二、激活农村资源要素

农村大量青壮年劳动力外出务工，衍生出农村劳动力老龄化、农村发展内生动力不足、"空心化"等各类社会问题。农民工返乡创业带动就业，减少了农民工在异地城镇就业创业带来的留守儿童、留守老人、留守妇女等社会问题；同时，农民创业还很大程度上吸纳了部分留守人员就近就业，使农村留守群体发挥出更大的价值。如广西上林县依托粤桂扶贫协作，紧扣"精准选人、素质培训、创业培育、带贫减贫"农民创业培育工程的 4 个关键环节，大力推进培育农民创业致富带头人、培育扶贫产业、带动贫困户增收脱贫、带动贫困村提升发展、促进本土人才回流创业、促进农村基层党建等行动，激发了农村土地、产业、人才、市场等资源要素的高效流动。

三、带动农民脱贫致富

随着党中央、国务院关于农村创业创新政策的颁布，全国各地各有关部门把农村创业创新作为重大战略任务进行谋划实施，创业环境不断优化，创业型经济正逐步发展成为我国农村区域经济社会发展的重要推进力量。家庭农场、种养大户、农民合作社、农业企业和农产品加工流通企业等农村新型经营主体不断涌现，农民创业迎来了蓬勃发展的新生机。农民创业不仅使自己的原生家庭脱贫致富，同时也通过创业示范带动了其他农民脱贫致富。如在广西崇左市天等县上映乡桃永村，被村民誉为"葡萄种植大王"的许绍弟通过自己种植葡萄创业成功经验带领桃永村村民种植葡萄，有超过一半的种植户年收入达 2 万元以上。另外，农民工返乡创办的企业大多属劳动密集型，用工量大、门槛低，吸纳了大批农民就业，成为以工促农、以城带乡的有效载体。如广西百色市田阳县返乡农民工苏俊宇在田阳县农民工创业园创办公司，带动了当地 200 多人就业。

四、壮大高素质农民队伍

实施乡村振兴战略，迫切需要有一批懂农业、爱农村、爱农民的农村致富带头人，有一大批推广农业科技、引领现代农业发展、促进农村现代化的各方面优秀人才。推进具有较高文化知识水平、现代经营理念的人员返乡创业，向农村输送新生力量和新鲜血液，有利于储备和培养大量现代农业经营管理人才，壮大高素质农民队伍。

第三节　乡村振兴与农村创业创新

一、乡村振兴战略的提出

乡村振兴战略是习近平同志 2017 年 10 月 18 日在党的十九大报告中提出的战略。党的十九大报告指出，农业农村农民问题是关系国计民生的根本性问题，必须始终把解决好"三农"问题作为全党工作的重中之重，实施乡村振兴战略。2018 年 2 月 4 日，中共中央、国务院发布了 2018 年中央一号文件，即《中共中央国务院关于实施乡村振兴战略的意见》。2018 年 3 月 5 日，国务院总理李克强在《政府工作报告》中讲到，大力实施乡村振兴战略。2018 年 5 月 31 日，中共中央政治局召开会议，审议《国家乡村振兴战略规划（2018—2022 年）》。2018 年 9 月，中共中央、国务院印发了《乡村振兴战略规划（2018—2022 年）》，并发出通知，要求各地区各部门结合实际认真贯彻落实。

二、乡村振兴战略的目标

党的十九大报告中强调要"实施乡村振兴战略"，并分别设定了到 2020 年、2022 年、2035 年、2050 年的目标任务。

1. 乡村振兴战略的近期目标

到 2020 年，乡村振兴的制度框架和政策体系基本形成，各地区各部门乡村振兴的思路举措得以确立，全面建成小康社会的目标如期实现。

到 2022 年，乡村振兴的制度框架和政策体系初步健全。国家粮食安全保障水平进一步提高，现代农业体系初步构建，农业绿色发展全面推进；农村一二三产业融合发展格局初步形成，乡村产业加快发展，农民收入水平进一步提高，脱贫攻坚成果得到进一步巩固；农村基础设施条件持续改善，城乡统一的社会保障制度体系基本建立；农村人居环境显著改善，生态宜居的美丽乡村建设扎实推进；城乡融合发展体制机制初步建立。农村基本公共服务水平进一步提升；乡村优秀传统文化得以传承和发展，农民精神文化生活需求基本得到满足；以党组织为核心的农村基层组织建设明显加强，乡村治理能力进一步提升。现代乡村治理体系初步构建。探索形成一批各具特色的乡村振兴模式和经验，乡村振兴取得阶段性成果。

2. 乡村振兴战略的远景谋划

到 2035 年，乡村振兴取得决定性进展，农业农村现代化基本实现。农业结构得到根本性改善，农民就业质量显著提高，相对贫困进一步缓解，共同富裕迈出坚实步伐；城乡基本公共服务均等化基本实现，城乡融合发展体制机制更加完善；乡风文明达到新高度,乡村治理体系更加完善;农村生态环境根本好转,生态宜居的美丽乡村基本实现。

到 2050 年,乡村全面振兴,农业强、农村美、农民富全面实现。

三、乡村振兴战略带来了发展机遇

自乡村振兴战略提出以来,党中央、国务院采取了一系列有力举措,扎实推进乡村振兴战略的实施。这既对农村创业创新提出了更高要求,也提供了难得的发展机遇。

1. 坚持农业农村优先发展,扶持政策会更多更有力

目前,推动乡村振兴的政策体系正在加快构建,我们正在按中央要求加快制定出台土地出让收益更多用于农业农村、金融服务乡村振兴等政策文件,配套的各项支持举措也在陆续出台,农业农村"放管服"改革正在深入推进。这都将为农村创业创新营造了更好的制度环境。

2. 乡村建设提速扩面,基础条件会不断改善

水电路气房讯等基础设施建设和科教文卫体等社会事业重点向农业农村倾斜,一大批农村项目开工建设,农村软硬件环境都将有极大改善。特别是近年来以全程冷链为代表的现代物流向农村延伸,新型通信技术快速向农村覆盖,必将极大推动新技术新模式运用,为农村创业创新注入强大"助燃剂"。

3. 城乡发展加速融合,各种资源要素会向乡村聚集

实施乡村振兴战略,核心是重塑工农城乡关系。推动城乡要素平等交换、公共资源均衡配置,建立健全向农村倾斜的城乡融合发展体制机制,必将带动更多技术、信息、人才、资金、管理等资源要素向乡村流动。同时,全国家庭农场、农民合作社、农业企业等已超过 300 万家,农村经纪人、"田专家""土秀才"大量涌现,为农村创业创新提供了人才支撑。

4. 消费结构不断升级，市场空间会越来越大

据国家统计局数据显示，2017 年我国城乡居民的恩格尔系数降至 29.3%，是历史上首次降至 30% 以下，进入联合国粮农组织设定的 20%~30% "富足" 标准，这必将带来消费结构快速升级，对优质绿色农产品和生态宜居农村环境的需求会大幅增加。随着城镇化快速推进，农村日益成为稀缺资源，越来越多的城里人向往乡村，望山看水忆乡愁成为时尚，农村居民的消费能力也将越来越强。这都为农村创业创新提供了无限商机。

第二章 创业与创新的解读

第一节 创业的相关概念

一、创业的概念

创业有广义与狭义的区分。一般来说，创业是指人们发现、创造和利用一定的机会，借助于一定的资源和有效的商业模式组合生产要素，创立新的事业，以获得新的商业成功的过程或者活动。狭义上的创业是指人们开展一种新的生产经营活动，以获取商业利益为目的，主要是开创一个个体或者家庭的小企业。广义上的创业指人们各种新的实践活动，它不再以人们获得经济报酬为唯一标准，他们可能获得的是一种自我价值的提升。这也体现出了创业教育之父蒂蒙斯所提出的"创业不仅仅意味着创办新企业、筹集资金和提供就业机会，也不仅等同于创新、创造和突破，而且还意味着孕育人类的创新精神和改善人类的生活。"

二、创业的本质

1. 价值的导向

创业的本质是价值的追求，它不局限于经济价值的追求，虽然很多人在创业时想要获得一定的经济利益，但这并不是唯一的目的。很多创业者会将个人价值的实现放在第一位，他们在创业的过程中，把理想和自我实现与利益的追求相结合，并享受这一过程。

美国哈佛商学院的教授斯蒂文森对创业的表述为：基于当前的形势创造价值的过程。在这个定义中就包含了创业的本质。价值的创造强调和扩大了创业的内容，提出了超越于个人对利益的追求，也强调创业者对社会和经济发展的贡献，强调对精神与物质生活追求的一种平衡，对价值创造的追求使创业活动更加有生命力，有助于生存与发展。

2. 机会的识别

创业是对机会的追求过程。一般的生产经营活动通常对资源利用考虑比较多，主要考虑自己能做什么，而创业活动不同，其显著特点是机会导向。机会的最初状态是未精确定义的市场需求、未得到利用或未得到充分利用的资源和能力，机会意味着生存和发展的空间，意味着潜在的收益。一般来说，创业活动的初始条件并不理想，创业者缺乏资源、特别是物质资源，包括资金、人力、物力等，客观的事实迫使创业者思考在较少的资源条件下生存和发展的可能性。在市场经济环境中，决定企业生存与发展的关键力量是顾客、是市场，因此，创业者必须优先地从市场及顾客需求中识别和发现创业机会，探寻生存和发展的空间。

3. 创新

熊彼特在1934年首次将创新与创业联系起来，使人们对创业的观点产生了很大的变化，开始认同创新是创业本质中必不可少的元素。熊彼特认为创业的本质是创新，是资源新的组合，包括开始新的生产性经营和一种新方式维持生产性经营。因此，创业中的创新不仅是新产品开发和市场的拓展，而且也是一种将新的事物、新的理念、新的观点不断转换为现实的过程。在这一过程中，包含产品、工艺、商业模式、组织架构、激励机制、客户关系管理、企业成长模式等的创新，创业者必须在某一方面与众不同，产生有别于他人的特点，从而在同行中鹤立鸡群，获得优势。在戴尔创立公司时，基于自己原有的零售经验，他开创了全新的零售的销售模式，这种方式不仅使戴尔公司获得了市场的认可，也成了一种新的模式。

4. 创造性资源整合

很多创业活动是在资源不足的情况下把握资源、创造性地整合资源。资源是人类开展任何活动所必须具备的前提，而所有商业活动都是一种对最少的资源获得最大的回报的追求。在商业活动中，资源的种类包含有形资源、无形资源；物质资源、非物质资源。对创业者来说，自身所具备的知识、社会关系网络、专长、组织领导才能、沟通能力、对市场和顾客需求的洞察能力等都可能成为有助于其创业成功的重要资源。此外，创业者还需要有对这些资源整合、优化的能力，要能够对这些资源进行识别与选择、汲取与配置、激活与融合，以达到最优的组合。在经济全球化的今天，资源开始突破物理空间、组织结构及制度的限制，在更加广阔的范围内进行流动，因此创业者需要具备不断创新的理念，兼顾各方利益才能达到一个多赢、共赢的局面。

三、创业的要素

1. 认识创业要素

在一般人的理解中，创业就是建立一个企业，其实，真正的创业是一个跨多个领域的活动，涉及变革、创新、技术、环境的变化，产品开发，企业管理，企业与创业者个体和产业发展等多方面的问题。因此，我们可以将创业理解为一个创业者在一定的创业环境中识别出创业机会，并利用机会、动员资源，创建新组织及开展新业务，以实现某种商业目标的活动。在这个过程中，有些创业者把握了创业的几个不可或缺的要素，产生了可持续动力，获得了商业成功，产生了财富。

在大众创业、万众创新环境背景下，创业活动不断发生，也在推动科技进步、促进经济发展、增加就业机会等方面发挥着显著的作用。创业成功也是多种要素综合作用的结果，创业者可以通过改善这些要素的组合来提高其创业成功的可能性。"创业之父"蒂蒙斯认为，创业是由机会、资源、团队组成的，创业者必须能够将三者做出最适当的搭配，才能获得成功。各要素在创业过程中要随着事业发展而做出动态的调整，首先在创业过程中，创业是由创业机会启动的，它是创业的源点，在开始创业时，"机会比资金、团队的才干和能力及适应的资源更重要"。同时机会的把握并不一定就能有新的企业，一个创业者如果单打独斗，独自承担风险，没有进行调查就盲目跃进，只能延长工作时间和不计代价求得成功，那他就背离了当今全球经济的潮流。创业者要学会构建自己的创业团队，把握团队成员构成，认同创业者的理念，团队一般由一群才能互补、责任共担、愿为共同目标而奋斗的人组成。创业还需一定的创业资源，它是指新企业在创造价值的过程中需要的特定资产，包括有形与无形的资产，是企业运营中不可或缺的因素，主要表现在创业人才、创业资本、创业技术和创业管理中。

2. 农村创业要素

从一般创业意义上看，农村创业与其他创业没有什么区别，就是一种利用现有资源和人才，以新的形式或方法，组织开展商业经营与生产活动。但作为传统的创业，它在资源、环境上还是具有一种特殊性。农村创业主要包括以下 3 个要素。

（1）农村创业者。从现有情况来看，农业产业创业者主要有以下两类。

① "土生土长"的农业专业大户。他们对农业生产环境熟悉，具有肯干、吃苦耐劳的品质。但随着现代化的创新，他们在发现机会、整合资源、构建团队上均处于弱势，而且很多农民创业属于生存型创业，在较长的时间内很难和其他农产品销售企业联合。

②农类青年。他们学习了现代科学技术，又具有活力，在进行农类创业时大都是因为发现了农类创业的商机。他们进行创业不再

追求传统的满足人们温饱的需求，而是看中现代人对"绿色""健康"等新理念的需求，而且无论是在土地资产、设备物资等物质资源还是在创新技能、技术管理等人力资源管理上，农类青年在农村创业方面与其他产业相比都具有天然的优势。

（2）地理环境。农村创业是一种以土地利用最大化为目标的商业经济，尽管工人的流动使工资成本趋于平均，物流市场的发展也在不同程度上降低了对资源的依赖，但是产品本身的保质期、基础设施的建设等仍然制约着农业的创业活动。缩短流通的时间、拉近产品生产和销售空间之间的距离仍然是农村创业地理环境必不可少的要素。因此，农村创业者的选址大多选择原料产地或者和它相关产业临近的地方。如果农民企业家仅仅以个人身份进行供应商搜寻、签订合作关系以及产品销售，会使交易成本居高且成为讨价还价的弱势方。因此，农村创业者选址相对集中，可以促进群体内的创业者相互依存、合约谈判并降低成本。

（3）技术要素。农村创业是在传统行业上开拓创新，重组原有的农业资源及创造新的经营方式。在这一过程中，最突出的就是现代农业技术对传统农业的补充，如现代化农业设施、互联网技术、市场对新品种的需求等。在这一过程中，土地资源越有限，对技术的创新要求就越高，所以，农村创业者必须不断加强在获取多元化知识和提升调控管理等方面的能力。要在干中学，也要学会整合外面的技术，获取利益。

第二节　创新的相关概念

一、创新的概念

创新是以现有的思维模式提出有别于常规思路的见解为导向，利用现有的知识和物质，在特定的环境中，本着理想化需要或者为满足社会需求而改进或创造新的事物、方法、元素、路径、环境，并能获得一定有益效果的行为。具体来说，创新是指人为了一定的目的，遵循事物发展的规律，对事物的整体或其中的某些部分进行变革，从而使其得以更新与发展的活动。

关于创新的标准，通常有狭义与广义之分。狭义的创新是指提供独创的、前所未有的、具有科学价值和社会意义的产物的活动。例如，科学上的发现、技术上的发明、文学艺术上的创作、政治理论上的突破等。广义的创新是对本人来说提供新颖的、前所未有的产物的活动。也就是说，一个人对问题的解决是否属于创新性的。不在于这一问题及其解决办法是否曾有别人提出过，而在于对他本人来说是不是新颖的。

具体来说，创新主要包括以下 4 种情况。

（1）从生物学角度来看。创新是人类生命体内自我更新、自我进化的自然天性。生命体内的新陈代谢是生命的本质属性。生命的缓慢进化就是生命自身创新的结果。

（2）从心理学角度来看。创新是人类心理特有的天性。探究未知是人类心理的自然属性。反思自我、诉求生命、考问价值是人类客观的主观能动性的反映。

（3）从社会学角度来看。创新是人类自身存在与发展的客观要求。人类要生存就必然向自然界索取需要，人类要发展就必须把思维的触角伸向明天。

（4）从人与自然关系角度来看。创新是人类与自然交互作用的必然结果。

二、创新的特征

创新既是由人、新成果、实施过程、更高效益 4 个要素构成的综合过程，也是创新主体为实现某种目的所进行的创造性的活动。它的主要特征包括以下几个方面。

1. 创造性

创新与创造发明密切相关，无论是一项创新的技术、一件创新的产品、一个创新的构思或一种创新的组合，都包含有创造发明的内容。创新的创造性主要体现在组织活动的方式、方法以及组织机构、制度与管理方式上。其特点是打破常规、探索规律、敢走新路、勇于探索。其本质属性是敢于进行新的尝试，包括新的设想、新的试验等。

2. 目的性

人类的创新活动是一种有特定目的的生产实践。例如，科学家进行纳米材料的研究，目的在于发现纳米世界的奥秘，提高认识纳米材料性能的能力，促进材料工业的发展，提高人类改造自然的能力。

3. 价值性

价值是客体满足主体需要的属性，是主体根据自身需要对客体所做的评价。创新就是运用知识与技术获得更大的绩效，创造更高的价值与满足感。创新的目的性使创新活动必然有自己的价值取向。创新活动源于社会实践，又向社会提供新的贡献。创新从根本上说应该是有价值的，否则就不是创新。创新活动的成果满足主体需要的程度越大，其价值就越大。一般来说，有社会价值的成果，将有利于社会的进步。

4. 新颖性

新颖性，简单理解就是"前所未有"。创新的产品或思想无一例外是新的环境条件下的新的成果，是人们以往没有经历体验过、没有得到使用过、没有贯彻实施过的东西。

用新颖性来判断劳动成果是否是创新成果时有两种情况：一是主体能产生出前所未有成果的特点。科学史上的原创性成果，大多属于这一类。这是真正高水平的创新。二是指创新主体能产生出相对于另外的创新主体来说具有新思想的特点。例如，相对于现实的个人来说，只要他产生的设想和成果是自身历史上前所未有的，同时又不是按照书本或别人教的方法产生的，而是自己独立思考或研究成功的成果，就算是相对新颖的创新。二者没有明显的界线，只有一条模糊的边界。

5. 风险性

由于人们受所掌握的信息的制约和对有关客观规律的不完全了解，人们不可能完全准确地预测未来，也不可能随心所欲地左右未来客观环境的变化和发展趋势，这就使任何一项改革创新都具有很大的风险性。

三、创新的思维

1. 创新思维的方式

既然创新那么重要，在创业过程中应如何实现创新呢？首先，要培养自己的创新思维和意识，它是创新过程中的关键，是创造力的核心和源泉。一个具有创新性思维的人会有积极的求异性、敏锐的观察力、丰富的想象力、独特的知识结构以及活跃的灵感。这样的人一般也能够面对和解决新的问题，并能够抓住事物的本质，运用丰富的想象力将所学到的知识应用到其他的活动中。

对创业者来说，发现问题是创新思维培养的基础，产生疑问是创新的第一步，如果产生疑问但不能进行继续思考也是不能开展创新创业活动的。创业者要培养自己多维度的以及足够的思维空间，要能跳脱出原有的定势思维或者常用的思维框架。如何才能拥有多维度的思考框架呢？创业者可以依赖于具体的创业活动，在创业活动中，对各种知识，包括天文、地理、经济、管理，或者说对各种学科、各种学派、各种理论、各种方法进行学习和研究，从中汲取养分，通过新的综合与提高，形成新的思维方式。

2. 创新思维的方法

（1）发散思维和聚合思维。在常用的几种创新思维中，发散思维是一种较为普遍的创新思维方式。

　　发散思维又称为扩散思维，是对同一问题从不同层次、不同角度、不同方面进行思索，从而求得多种不同甚至奇异答案的思维方式。它的特点是多向性、灵活性、开放性与独特性，多向性是指从问题的各个方面去思考，避免单一、片面；灵活性是指在各个方向之间灵活转移；开放性是指每个思路都可以任意思考下去，没有任何限制；独特性是强调思路的特殊性、奇异性，富有创新性。

　　与发散性思维相对应的聚合思维，聚合思维又称为收敛思维，是为了解决一个问题，尽量利用已有的知识和经验，把各种相关信息引导、集中到目标上去，通过选择、推理等方法，得出一个最优或符合逻辑规范的方案或结论。其主要特点是同一性、程序性、封闭性和逻辑性，同一性是指思考的目标是同一的，是向一个方向进行的；程序性是指不像发散思维那样灵活、自由，在思考的时候必须沿着一些程序进行；封闭性是指其思考范围有限，应面向中心议题；逻辑性是指思维过程必须遵守逻辑规律。

　　发散思维和聚合思维都是创新思维中重要的思维方式，它们看似相反，但其实是相互作用的，在创新的过程中发挥着不同的作用。只有把发散思维和聚合思维辩证统一起来，当作思维方式不可分割的两个方面，才能真正理解、发挥它的作用。发散思维方式是从一个点向外扩展，产生的观点、办法越多越好，侧重于数量，它可以帮助创新者开拓思路、冲破思维定势的束缚，从各个方向上想出许许多多新奇、独特的办法或方案。聚合思维是从四面八方向内集中，从多个方案中选出或者综合集成为一个最优的方案，侧重于质量，将所设想出的各种方法、方案加以分析、比较，为创新选择方向。

　　发散思维与聚合思维是分离、交替进行的，在使用两种思维方式的过程中，不能同时进行，同时进行会将结果相互抵消，作用等于零。在同一个项目过程中，可以在前期采用发散思维，开阔思路，突破思维定势的束缚，在后期采用聚合思维，从众多的想法中选择最优的解决方法。两种思维中间宜采用延迟判断的技巧，即不要马上下结论，从而将两种思维方式分开来，达到最佳的效果。

（2）逆向思维法。在我们的思维中，一般是按照时间、事物与认识发展的自然进程进行思考的，逆向思维正好相反，它从事物的反向进行非常规思维，这种思维方式常能出奇制胜，取得突破性解决问题的方法。它的特点如下。

①逆向性，需要从与正向思维对立、相反、颠倒的方向和角度思考问题。

②求异性，即需要用一种批判、怀疑的眼光看待一切事物，方法与结果同常规形成强烈、巨大的反差。

③失败率高，逆向思维是一个全新的角度，在使用过程中会伴有较多的失败，但一旦成功就有颠覆性的意义和价值。

逆向思维在创新中发挥着什么样的作用呢？在哪些时候可以采用逆向思维呢？首先是性质颠倒，如果在某个困扰性的问题上采用逆向思维，便有可能获得关于这个问题新的认识或者解决方法。其次是作用颠倒，可以就事物的某种作用从相反的方向去想，就很有可能得到新的设想，这是在逆向思维中比较普遍的。最后是过程颠倒，在事物发展的过程中从相反的方向去思考，看是否可以把过程完全颠倒，可能会有不一样的结果。

第三节　创业与创新的关系

创业是基础，是创新的载体和表现形式，创新的成效只有通过创业实践来检验；创新是一种理念，创业着重的是对人的价值具体的体现；二者密不可分。仅仅具备创新精神是不够的，它只是为创业成功提供了可能性和必要条件，如果脱离创业实践，缺乏一定的创业能力，创新精神也就成了无源之水，无本之木。创新精神所具有的意义，只有通过创业实践活动才能有实现，才有可能最终产生创业的成功。创业与创新二者目标同向、内容同质、功能同效、殊途同归。围绕创业实践，通过多种途径，创业与创新要有机融入。创业者要具备创新精神和不断提升创新能力。

第三章 创业者基本素养

第一节 创业者应具备的精神

创业精神作为一种精神内核，是可以培养与引导的。作为创业者，对自身创业精神的培养是非常必要的。创业者的创业精神包含以下几个方面。

一、勇于创新的品质

创造力是人们利用已有的知识和经验创造出新颖独特、有价值的产品的能力，是人们自我完善、自我实现的基本素质。取得成功的创业者都具有一些共同的特质，他们能够在不断的变化中创造机会，积极地寻找新的机遇，不放过任何想法，即使是在一些传统的创业活动中，也同样能够找到创新的方向，创造出全新的商业模式从而取得成功。

创新品质的培养是贯穿始终的。任何的创新都是在原有的基础上进行改革，这说明创新品质可以通过后天培养与训练。作为创业者，创新品质与能力的基础不是随意空想，而是要培养对日常事物的观察与探索。褚时健在 75 岁时选择再次创业，还是传统的农业创业——开办自己的果园，他所种的橙子被人们誉为"褚橙"，这得益于他不断的创新精神。通过 6 年的时间，褚时健不断摸索，创立了一套自己的种植办法，对肥料、灌溉、修剪都有自己的要求，工人必须严格执行。种橙期间，遇到任何难题，他的第一反应就是看书，经常一个人翻书到凌晨三四点，终于研究出了皮薄、柔软、易剥、味甜微酸、质绵无渣的"褚橙"，得到了市场的认可。

二、敢于冒险的品质

创业是一项风险性活动，它的成功与否取决于很多确定因素和不确定因素。处理确定性因素，如注册公司、制定公司章程等活动的时候，付出和回报往往都能清晰地判断，而对不确定性因素，如创业方向的决策、人才引进的决策、拓展业务方法的决策等活动的处理，其产生的结果大部分都不能准确地预测和判断。不确定性因素意味着风险，而创业者必须具备面对和把握这种风险的能力，即冒险精神。

当然冒险不是盲目地随着个人喜好发展，更不等同于赌博，它是建立在成功概率之上的，是在敏锐的市场洞察力和详细的市场调查基础之上的理性激进的行为。在实践中，冒险表现出两种类型：本性型和认知型，前者出于天性，后者是可以在后天实践中培养起来的。因此，冒险精神可以通过训练内化习得。创业可以通过训练培养风险管理意识，即接受、认识、了解、衡量、分析以及处置风险的能力和意识。

三、积极主动的精神

主动精神即进取精神，是一种源自自身积极努力地向目标挺进的精神力量，是创业者必备的心理素质，也是事业开创及开创之后持续发展的内在关键力量。在事业面临不确定情况的时候，进取精神能够启动创业者所有的思维和资源，去主动面对困难、解决困难，保证事业的顺利发展。

任何事业的开创都是主动进取的结果，在市场经济下，市场的竞争性特征决定了市场主体必须对信息和机会有更强的把握能力。要求他们主动寻找和把握机会，主动寻求资源和市场等来实现自己的事业目标。被动适应、等待机会和不作为式的创业是不可能持续的，注定会被市场淘汰。总之，市场经济需要主动进取的精神，在创业过程中，不能被动等待，要主动去关注这个世界，对外部世界保持好奇，主动去探索、去交流，在主动中把握机会。

四、乐于合作的精神

合作精神是指两个或两个以上的个体为了实现共同目标（共同利益）而自愿结合在一起，通过相互之间的配合和协调而实现共同目标，最终个人利益也获得满足的一种社会交往导向心理状态。从另一方面来看，合作精神也是共享和共赢的一种体现。在信息化时代开放的市场环境下，没有人能独自创业成功，创业者需要尽可能降低风险，通过合作实现共赢是当今市场经济发展的必然趋势。

作为创业者，在创业的初始阶段，资金、人脉、能力都不可能完全具备，在精力上也不可能事事亲力亲为，必须借助合作伙伴的力量来取得成功。在必须借助企业外部力量的事业成长的关键期，创业者也必须具备与外部合作的意识。在进行关键策略决策时，创业者也必须借助团队，实现科学决策。创业团队在合作的过程中，面临创业观念、能力、知识，以及权利、物质上的利害关系，这些都需要相互磨合，在创业过程中不断锻炼。

第二节　创业者应具备的潜能

潜能是创业者综合水平的体现，是创业者成功创业的决定因素，主要有以下几个方面。

一、学习能力

创业者是企业的引路人，要带领企业不断前进和发展，就必须了解新技术、新的管理知识经验，对行业发展现状和未来有清醒的认识，对产品和消费者需求变化要十分熟悉。所有这些都需要创业者走在员工前面，走在竞争者前面，需要创业者有较强的学习能力。创业者要充分认识学习能力的重要性。要采用现代学习手段，运用科学学习方法，利用可能利用的时间和机会，为自己"充电"，只有这样，才能适应现代企业发展速度的变化需求，带领企业创造美好的未来。

二、规划能力

创业者要"胸怀企业，放眼世界，展望未来"，能够根据当前情况，合理确定发展方向和阶段目标，依据市场环境和企业自身条件，制定出可行性的企业发展目标。制定目标时要做到长、中、短各期目标衔接合理。只有创业者有企业发展的蓝图，目标明确，才能驾驭全局带领团队有计划、有步骤地开展工作，才能使企业从成功走向新的成功。

三、创新能力

创业本身就是创新实践活动。成功的创业者要使企业获得生存空间，并得到成长和发展，必须有自己突出的特点。例如，在生产技术、生产工艺、产品功能、结构质量、服务等方面与其他同类产品相比，本企业产品能满足消费者特殊功能的需求，或者高出一筹的质量，或者在外观上更符合消费者审美个性。创业者只有保持与时俱进的创新能力，才能使企业充满生机与活力，才能在激烈的市场竞争中，保持竞争优势，获得企业的可持续发展。要进行创新活动，创业者必须要对生产技术和管理进行非常深入的了解，同时对于行业发展现状和发展趋势要十分清楚，还要分析消费者需求变化趋势，在此基础上，结合本企业特点，发掘本企业优势，就会不断实现创新活动，赢得市场竞争的主动。

四、预测决策应变能力

市场外部环境是瞬息万变的。创业者要以敏感的视觉，观察周围情况的变化，采用科学的分析方法，对影响企业发展的各项因素做出及时准确预测，采用恰当的决策，找出应对外部环境变化的可行措施手段，引导企业良性发展。具体表现为管理信息能力，信息是企业发展的晴雨表。建立广泛的信息渠道和快速信息传输方式是企业生存发展的重要环节，特别是现代企业竞争日益激烈，外部环境瞬息万变，面对快速多变的市场，如果企业不能借助信息做出快速反应，将会贻误战机，将企业带入困难境地。创业者对信息的管理能力在当今社会事关企业生死存亡。管理信息能力主要指创业者对信息的敏感捕捉能力、信息识别能力、信息处理能力和信息利用能力。信息管理就是利用这些能力为企业各方面管理服务，提高企业应变能力。

第三节　创业者应具备的心理素质

要想成为一个成功的企业创办者，要具备敢为、独立、自信、耐挫、会减压等心理素质。要明白并不是所有的人都适合创办企业。

一、敢为

对于想要创业的人来说，成功的第一要义便是敢想敢做，出手果断，正所谓"十个想法不如一个行动"。只有那种不仅有创业想法，且敢于行动的人才能真正获得创业成功的机会。

俗话说：万事开头难。难就难在是否有胆量迈出第一步。每当遇到一个困难时，内心首先都要打个问号，这个我能办到吗？一万个空洞的幻想还不如一个实际的行动，唯有行动才可以改变我们的命运。很多人对创业充满期望，却又对自己缺乏信心。其实谁都可以致富，只要我们敢去做。在我们身边，许多相当成功的人，并不一定是他比我们"会"做，而是他比我们"敢"做。

敢为的人对事业，总会表现出一种积极的心理状态，不断去寻找新的起点并随时准备着付诸于行动。一个创业者只有先具备做为的素质才能更加有信心地去做好以后的事。

二、独立

创业既为社会积累物质财富和精神财富，又是谋生和立业。创业者首先要走出依附于他人的生活圈子，走上独立的生活道路。因此，独立性是创业者最基本的个性品质。

作为一名创业者，我们应该建立自己的正见，正思维，建立一个衡量事物的标准。一个人一生中有很多的创业机会，只是太多人在新产业和机会面前看不懂，不明白，前怕狼后怕虎，总是在怀疑或担心这个那个的问题，总是很习惯的去问自己身边同一个层次的人：这个东西能不能做，有没有风险，这个东西合不合法，这个东西我要不要做，这个东西能不能被市场接受等问题，更严重的是自己已经明白了这个机会，但就是迈不出行动的那一步，总是更多的是让身边的人主宰着自己的思维和发展。事实上我们会发现，任何一位成功的人都是他在影响着别人的思维和行动，让更多的人跟着他的脚步在走，他们在做任何一件事情的时候都是在无声无息中进行着，当很多人知道的时候他们已经非常成功了，然而我们却在不知不觉中成了他们产业链中的一名消费者！

因此，创业者要有一定的胆识和独立性，善于去捕捉新的商机，勇敢地去尝试新的事物，把握住市场的脉搏。

三、自信

人的意志可以发挥无限力量，可以把梦想变成现实。对创业者来说，信心就是创业的动力。要对自己有信心，对未来有信心，要坚信成败并非命中注定，而是全靠自己努力，更要坚信自己能战胜一切困难创业成功。

与金钱、势力、出身、亲友相比，自信是更有力量的东西，是人们从事任何事业最可靠的资本。自信能排除各种障碍、克服种种困难，能使创业获得完满成功。

四、耐挫

世上没有绝对保险的生意，失败的风险随时可能发生。创业之路不会一帆风顺，所以，如果不具备良好的耐挫能力、坚忍的意志，一遇到挫折就垂头丧气，一蹶不振，那么，在创业的道路上是走不远的。只有具备处变不惊的良好素质和愈挫愈强的顽强意志，才能在创业的道路上自强不息，锐意进取，顽强拼搏，才能从小到大，从无到有，闯出属于自己的一番事业。

有统计显示，我国初次创业的失败率达70%以上。可见，挫折和失败是中外创业者必须时刻面对的"家常便饭"，没有足够的耐挫能力就不可能在艰辛的创业道路上坚持下去，不可能登上成功的高峰。

五、会减压

中国已经进入"大众创业、万众创新"时期，在创业过程中，刚起步阶段是最关键的，它不仅关系一个企业后来的成败，同时也是创业者最能发挥其主观能动性的阶段。如今越来越多的人愿意选择创业来代替就业，若成功不仅可以为社会创造一定的财富，帮助部分人解决就业，还可以实现自己的理想。但是，随着经济的发展，企业之间的竞争越来越激烈，创业者的压力也随之变大，特别是对于"初来乍到"的创业者来说，不仅缺乏一定的社会资源，还面临着很多的角色转变。如果创业者的压力不能够得到良好的梳理，一方面会影响个人的身心健康，另一方面很有可能会导致自己放弃创业。在创业的过程中，或许会面对很多的困惑，要学会适时减压。

第四章　熟悉农村创业创新政策

第一节　《关于支持返乡下乡人员创业创新促进农村一二三产业融合发展的意见》（国办发〔2016〕84号）

近年来，随着大众创业、万众创新的深入推进，越来越多的农民工、中高等院校毕业生、退役士兵和科技人员等返乡下乡人员到农村创业创新，为推进农业供给侧结构性改革、活跃农村经济发挥了重要作用。返乡下乡人员创业创新，有利于将现代科技、生产方式和经营理念引入农业，提高农业质量效益和竞争力；有利于发展新产业新业态新模式，推动农村一二三产业融合发展；有利于激活各类城乡生产资源要素，促进农民就业增收。在《国务院办公厅关于支持农民工等人员返乡创业的意见》（国办发〔2015〕47号）和《国务院办公厅关于推进农村一二三产业融合发展的指导意见》（国办发〔2015〕93号）的基础上，为进一步细化和完善扶持政策措施，鼓励和支持返乡下乡人员创业创新，经国务院同意，现提出如下意见。

一、重点领域和发展方向

（一）突出重点领域。鼓励和引导返乡下乡人员结合自身优势和特长，根据市场需求和当地资源禀赋，利用新理念、新技术和新渠道，开发农业农村资源，发展优势特色产业，繁荣农村经济。重点发展规模种养业、特色农业、设施农业、林下经济、庭院经济等农业生产经营模式，烘干、贮藏、保鲜、净化、分等分级、包装等农产品加工业，农资配送、耕地修复治理、病虫害防治、农机作业服务、农产品流通、农业废弃物处理、农业信息咨询等生产性服务业，休闲农业和乡村旅游、民族风情旅游、传统手工艺、文化创意、养生养老、中央厨房、农村绿化美化、农村物业管理等生活性服务业，以及其他新产业新业态新模式。

（二）丰富创业创新方式。鼓励和引导返乡下乡人员按照法律法规和政策规定，通过承包、租赁、入股、合作等多种形式，创办领办家庭农场林场、农民合作社、农业企业、农业社会化服务组织等新型农业经营主体。通过聘用管理技术人才组建创业团队，与其他经营主体合作组建现代企业、企业集团或产业联盟，共同开辟创业空间。通过发展农村电商平台，利用互联网思维和技术，实施"互联网+"现代农业行动，开展网上创业。通过发展合作制、股份合作制、股份制等形式，培育产权清晰、利益共享、机制灵活的创业创新共同体。

（三）推进农村产业融合。鼓励和引导返乡下乡人员按照全产业链、全价值链的现代产业组织方式开展创业创新，建立合理稳定的利益联结机制，推进农村一二三产业融合发展，让农民分享二三产业增值收益。以农牧（农林、农渔）结合、循环发展为导向，发展优质高效绿色农业。实行产加销一体化运作，延长农业产业链条。推进农业与旅游、教育、文化、健康养老等产业深度融合，提升农业价值链。引导返乡下乡人员创业创新向特色小城镇和产业园区等集中，培育产业集群和产业融合先导区。

二、政策措施

（四）简化市场准入。落实简政放权、放管结合、优化服务一系列措施，深化行政审批制度改革，持续推进商事制度改革，提高便利化水平。落实注册资本认缴登记和"先照后证"改革，在现有"三证合一"登记制度改革成效的基础上大力推进"五证合一、一照一码"登记制度改革。推动住所登记制度改革，积极支持各地放宽住所（经营场所）登记条件。县级人民政府要设立"绿色通道"，为返乡下乡人员创业创新提供便利服务，对进入创业园区的，提供有针对性的创业辅导、政策咨询、集中办理证照等服务。对返乡下乡人员创业创新免收登记类、证照类等行政事业性收费（由工商总局等负责）。

（五）改善金融服务。采取财政贴息、融资担保、扩大抵押物范围等综合措施，努力解决返乡下乡人员创业创新融资难问题。稳妥有序推进农村承包土地的经营权抵押贷款试点，有效盘活农村资源、资金和资产。鼓励银行业金融机构开发符合返乡下乡人员创业创新需求的信贷产品和服务模式，探索权属清晰的包括农业设施、农机具在内的动产和不动产抵押贷款业务，提升返乡下乡人员金融服务可获得性。推进农村普惠金融发展，加强对纳入信用评价体系返乡下乡人员的金融服务。加大对农业保险产品的开发和推广力度，鼓励有条件的地方探索开展价格指数保险、收入保险、信贷保证保险、农产品质量安全保证保险、畜禽水产活体保险等创新试点，更好地满足返乡下乡人员的风险保障需求（由人民银行、银监会、保监会、农业部、国家林业局等负责）。

（六）加大财政支持力度。加快将现有财政政策措施向返乡下乡人员创业创新拓展，将符合条件的返乡下乡人员创业创新项目纳入强农惠农富农政策范围。新型职业农民培育、农村一二三产业融合发展、农业生产全程社会化服务、农产品加工、农村信息化建设等各类财政支农项目和产业基金，要将符合条件的返乡下乡人员纳入扶持范围，采取以奖代补、先建后补、政府购买服务等方式予以积极支持。大学生、留学回国人员、科技人员、青年、妇女等人员创业的财政支持政策，要向返乡下乡人员创业创新延伸覆盖。把返乡下乡人员开展农业适度规模经营所需贷款纳入全国农业信贷担保体系。切实落实好定向减税和普遍性降费政策（由财政部、税务总局、教育部、科技部、工业和信息化部、人力资源社会保障部、农业部、国家林业局、共青团中央、全国妇联等负责）。

（七）落实用地用电支持措施。在符合土地利用总体规划的前提下，通过调整存量土地资源，缓解返乡下乡人员创业创新用地难问题。支持返乡下乡人员按照相关用地政策，开展设施农业建设和经营。落实大众创业万众创新、现代农业、农产品加工业、休闲农业和乡村旅游等用地政策。鼓励返乡下乡人员依法以入股、合作、租赁等形式使用农村集体土地发展农业产业，依法使用农村集体建设用地开展创业创新。各省（区、市）可以根据本地实际，制定管理办法，支持返乡下乡人员依托自有和闲置农房院落发展农家乐。在符合农村宅基地管理规定和相关规划的前提下，允许返乡下乡人员和当地农民合作改建自住房。县级人民政府可在年度建设用地指标中单列一定比例专门用于返乡下乡人员建设农业配套辅助设施。城乡建设用地增减挂钩政策腾退出的建设用地指标，以及通过农村闲置宅基地整理新增的耕地和建设用地，重点支持返乡下乡人员创业创新。支持返乡下乡人员与农村集体经济组织共建农业物流仓储等设施。鼓励利用"四荒地"（荒山、荒沟、荒丘、荒滩）和厂矿废弃地、砖瓦窑废弃地、道路改线废弃地、闲置校舍、村庄空闲地等用于返乡下乡人员创业创新。农林牧渔业产品初加工项目在确定土地出让底价时可按不低于所在地土地等别相对应全国工业用地出让最低价标准的70%执行。返乡下乡人员发展农业、林木培育和种植、畜牧业、渔业生产、农业排灌用电以及农业服务业中的农产品初加工用电，包括对各种农产品进行脱水、凝固、去籽、净化、分类、晒干、剥皮、初烤、沤软或大批包装以供应初级市场的用电，均执行农业生产电价（由国土资源部、国家发展改革委、住房城乡建设部、农业部、国家林业局、国家旅游局、国家电网公司等负责）。

（八）开展创业培训。实施农民工等人员返乡创业培训五年行动计划和新型职业农民培育工程、农村青年创业致富"领头雁"计划、贫困村创业致富带头人培训工程，开展农村妇女创业创新培训，让有创业和培训意愿的返乡下乡人员都能接受培训。建立返乡下乡人员信息库，有针对性地确定培训项目，实施精准培训，提升其创业能力。地方各级人民政府要将返乡下乡人员创业创新培训经费纳入财政预算。鼓励各类培训资源参与返乡下乡人员培训，支持各类园区、星创天地、农民合作社、中高等院校、农业企业等建立创业创新实训基地。采取线上学习与线下培训、自主学习与教师传授相结合的方式，开辟培训新渠道。加强创业创新导师队伍建设，从企业家、投资者、专业人才、科技特派员和返乡下乡创业创新带头人中遴选一批导师。建立各类专家对口联系制度，对返乡下乡人员及时开展技术指导和跟踪服务（由人力资源社会保障部、农业部、教育部、科技部、民政部、国家林业局、国务院扶贫办、共青团中央、全国妇联等负责）。

（九）完善社会保障政策。返乡下乡人员可在创业地按相关规定参加各项社会保险，有条件的地方要将其纳入住房公积金缴存范围，按规定将其子女纳入城镇（城乡）居民基本医疗保险参保范围。对返乡下乡创业创新的就业困难人员、离校未就业高校毕业生以灵活就业方式参加社会保险的，可按规定给予一定社会保险补贴。对返乡下乡人员初始创业失败后生活困难的，可按规定享受社会救助。持有居住证的返乡下乡人员的子女可在创业地接受义务教育，依地方相关规定接受普惠性学前教育（由人力资源社会保障部、财政部、民政部、住房城乡建设部、教育部等负责)。

(十)强化信息技术支撑。支持返乡下乡人员投资入股参与信息进村入户工程建设和运营,可聘用其作为村级信息员或区域中心管理员。鼓励各类电信运营商、电商等企业面向返乡下乡人员开发信息应用软件,开展农业生产技术培训,提供农资配送、农机作业等农业社会化服务,推介优质农产品,组织开展网络营销。面向返乡下乡人员开展信息技术技能培训。通过财政补贴、政府购买服务、落实税收优惠等政策,支持返乡下乡人员利用大数据、物联网、云计算、移动互联网等新一代信息技术开展创业创新(由农业部、国家发展改革委、工业和信息化部、财政部、商务部、税务总局、国家林业局等负责)。

(十一)创建创业园区(基地)。按照政府搭建平台、平台聚集资源、资源服务创业的思路,依托现有开发区、农业产业园等各类园区以及专业市场、农民合作社、农业规模种养基地等,整合创建一批具有区域特色的返乡下乡人员创业创新园区(基地),建立开放式服务窗口,形成合力。现代农业示范区要发挥辐射带动和示范作用,成为返乡下乡人员创业创新的重要载体。支持中高等院校、大型企业采取众创空间、创新工厂等模式,创建一批重点面向初创期"种子培育"的孵化园(基地),有条件的地方可对返乡下乡人员到孵化园(基地)创业给予租金补贴(由农业部、国家发展改革委、科技部、工业和信息化部、财政部、人力资源社会保障部、商务部、文化部、国家林业局等负责)。

三、组织领导

(十二)健全组织领导机制。各地区、各有关部门要充分认识返乡下乡人员创业创新的重要意义,作为经济社会发展的重点任务予以统筹安排。农业部要发挥牵头作用,明确推进机构,加强工作指导,建立部门间协调机制,督促返乡下乡人员创业创新政策落实，加强经验交流和推广。地方人民政府要建立协调机制，明确任务分工，落实部门责任，形成工作合力；加强调查研究，结合本地实际，研究制定和落实支持返乡下乡人员创业创新的政策措施。探索建立领导干部定点联系返乡下乡人员创业创新制度，深入了解情况，帮助解决实际问题（由农业部、省级人民政府等负责）。

（十三）提升公共服务能力。积极开展面向返乡下乡人员的政策咨询、市场信息等公共服务。推进农村社区综合服务设施和信息平台建设，依托现有的各类公益性农产品市场和园区（基地），为返乡下乡人员创业创新提供高效便捷服务。做好返乡下乡人员创业创新的土地流转、项目选择、科技推广等方面专业服务。利用农村调查系统和农村固定观察点，加强对返乡下乡人员创业创新的动态监测和调查分析（由农业部、国家发展改革委、民政部、人力资源社会保障部、商务部、国家统计局、国家林业局等负责）。

（十四）加强宣传引导。采取编制手册、制定明白卡、编发短信微信微博等方式，宣传解读政策措施。大力弘扬创业创新精神，树立返乡下乡人员先进典型，宣传推介优秀带头人，发挥其示范带动作用。充分调动社会各界支持返乡下乡人员创业创新的积极性，广泛开展创业大赛、创业大讲堂等活动，营造良好氛围（由农业部等负责）。

第二节 《关于促进农村创业创新园区（基地）建设的指导意见》
（农加发〔2017〕3号）

为深入贯彻落实中央一号文件和《国务院办公厅关于支持返

乡下乡人员创业创新促进农村一二三产业融合发展的意见》（国办发〔2016〕84号）有关精神，加快建设一批具有区域特色的农村创业创新园区（基地），更好地为广大返乡下乡创业创新人员提供场所和服务，全面助推农村创业创新，现就推进农村创业创新园区（基地）建设提出如下意见。

一、重要意义

农村创业创新园区（基地）是依托各类涉农园区（基地），通过政策集成、资源集聚和服务集中，融合原料生产、加工流通、休闲旅游、电子商务等产业，集成见习、实习、实训、咨询、孵化等服务为一体，具有功能定位准确、管理规范、示范带动能力强等特点的农村创业创新服务平台，是支持返乡下乡人员到农村创业创新的重要载体。加快农村创业创新园区（基地）建设，有利于整合市场准入、金融服务、财政支持、用地用电、创业培训、社会保障、信息技术等政策措施，有利于聚集土地、资金、科技、人才、信息等资源要素，有利于开展见习、实习、实训、创意、演练等实际操作，形成统一的政策服务窗口、便捷的信息服务平台和创业创新孵化高地，吸引更多有一定资金技术积累、较强市场意识和丰富经营管理经验的返乡下乡人员到园区（基地）开展生产经营活动。建设好农村创业创新园区（基地），推动形成以创新促创业、以创业促就业、以就业促增收的良性互动格局，为现代农业发展注入新要素，为增加农民收入开辟新渠道，为社会主义新农村建设注入新动能具有重要意义。

二、总体要求

（一）指导思想。牢固树立并切实贯彻新发展理念，紧紧围绕推进农业供给侧结构性改革主线，按照政府搭建平台、平台聚集资源、资源服务创业的思路，加快建设一批区域特色明显、基础设施完备、政策措施配套、科技创新条件完善、服务能力较强的农村创业创新园区（基地），为返乡下乡创业创新提供全方位支持和服务，提升返乡下乡人员创业创新能力水平，为农业农村经济发展提供新动能、新支撑。

（二）基本原则。坚持以农为本，重点发展农业生产和生产性服务业、农产品加工流通、休闲旅游、电子商务等涉农产业，支持产业融合发展、循环发展；坚持规划引领，重点发展与区域主导产业、发展规划相匹配的优势产业，发挥聚集效应，避免分散化、碎片化；坚持市场化经营，按照市场规律办事，充分发挥市场配置资源的决定性作用，充分调动市场和创业创新主体的积极性；坚持服务优先，重点加强基础设施、信息网络、政策咨询、生产经营和创业创新等各类服务能力建设，不断提高服务质量和效率。

（三）目标要求。到 2020 年，在全国建设一大批标准高、服务优、示范带动作用强的农村创业创新园区（基地），为返乡下乡人员创业创新提供可选择的场所和高效便捷的服务，实现国家政策、各类资源和相关要素的集成整合，推动农村创业创新更快更好发展。

三、重点任务

（一）完善服务功能。支持农村创业创新园区（基地）积极筹措资金，加强水、电、路、气、网、消防、通讯、绿化、物流等基础设施建设。加快搭建公共服务、电子商务等平台，开展政策解读、信息咨询、创业辅导等服务。不断创新体制机制，建立市场主导、政府引导、企业运作、主体参与的运行方式，形成充满活力的制度模式。有针对性地开展返乡创业培训五年行动计划、新型职业农民培育工程、农村实用人才带头人示范培训、农村青年创业致富"领头雁"计划、贫困村创业致富带头人培训工程、农村创业致富女带头人等培训项目，提升创业创新能力。

（二）营造政策环境。引导农村创业创新园区（基地）对接国家政策，及时梳理政策信息，形成政策明白纸，帮助经营主体了解政策和获取政策支持，推动政策落地见效。方便企业等经营主体入园登记注册，营造便利化、法制化的营商环境。组织开展银企对接、银团合作、投资对接等活动，引导各类金融机构加大对园区（基地）经营主体的金融支持。

（三）促进资源集聚。支持农村创业创新园区（基地）参与农村一二三产业融合发展、农业生产全程社会化服务、农产品加工、农业农村信息化等涉农项目建设，积极为园区（基地）经营主体争取资金支持。加强与高等院校、科研单位、行业协会、产业联盟等机构联系，形成科技、人才的汇集高地。支持园区（基地）建设星创天地，组织经营主体积极参加全国大众创业万众创新活动周、全国农村创业创新项目创意大赛、"创青春"中国青年创新创业大赛等赛事活动，支持社会力量举办创业沙龙、创业大讲堂、创业训练营等创业辅导活动。

（四）推动产城融合。引导农村创业创新园区（基地）与国家粮食生产功能区、重要农产品生产保护区、特色农产品优势区、现代农业示范区和现代农业产业园对接，形成功能和优势互补、产业和利益紧密联结的发展模式，积极推动新产业新业态发展。支持引导返乡下乡人员按照全产业链、价值链的现代产业组织方式开展创业创新，培育农村创业创新示范样板。按照土地利用、主导产业发展等规划要求，树立环境绿色、生态友好的好形象，打造产品优质、安全可靠的好品牌，提高园区（基地）产品的市场占有率，形成区域经济发展新的增长极。

四、保障措施

（一）健全工作机制。各有关部门要充分认识促进农村创业创新园区（基地）建设的重要意义，将其作为推动经济社会发展的重要任务来抓，转变观念、深化认识，精心组织、统筹安排，切实抓好园区（基地）建设各项工作。要在当地党委、政府的统一领导下，明确推进机构，加强工作指导，建立协调机制，形成支持农村创业创新园区（基地）建设的工作合力。

（二）加强政策落实。要强化政策督导，督促支持返乡下乡创业创新政策在园区（基地）落地生根。要结合本地实际，加强调查研究，采取更有针对性的政策措施，努力解决园区（基地）缺人才、缺技术、缺市场等突出问题，着力缓解经营主体的融资难等难题。进一步加大沟通协调力度，推动出台具体的实施办法和工作方案，细化实化配套政策措施，促进政策落地见效。

（三）加强示范带动。要适时推出一批全国农村创业创新示范园区（基地）样板，形成以点带面的良好态势。加强与国家大众创业万众创新示范基地的交流合作，建立共享共赢机制，更好地发挥典型示范带动作用。

（四）加强宣传推介。要充分利用各类新闻媒体，全方位、多角度对园区（基地）进行宣传报道，不断将园区（基地）的优惠政策、基础设施条件和公共服务能力等信息传递给广大创业创新人员，积极营造良好的发展氛围，加快推动农村创业创新蔚然成风。

第三节　《关于大力实施乡村就业创业促进行动的通知》（农加发〔2018〕4号）

为深入贯彻落实习近平"三农"思想和党的十九大精神，按照《中共中央　国务院关于实施乡村振兴战略的意见》的决策部署，促进农业提质增效、农村繁荣稳定和农民就业增收，加快培育乡村发展新动能，农业农村部决定实施乡村就业创业促进行动。有关事项通知如下。

一、充分认识重要意义

就业是民生之本，创业是发展之源。党的十八大以来，各地农业农村部门认真落实中央就业创业一系列政策措施，实施大众创业、万众创新战略，积极支持农民工、中高等院校毕业生、退役军人、科技人员、留学回国人员、工商企业主等返乡下乡本乡人员就业创业，取得了明显进展和成效。但仍面临一些突出困难和问题，一些地方落实政策不到位、就业创业氛围不浓厚；有些地方就业创业服务平台欠缺、公共服务能力不足；许多地方就业创业优势特色不突出，农村一二三产业融合不够等。实施乡村就业创业促进行动，有利于推动政策落实，搭建公共服务平台，引进和培育更多的创业创新主体，建设乡村人才队伍；有利于培育新产业新业态新模式，壮大乡村优势特色产业，促进农村一二三产业融合发展；有利于推动城乡要素双向流动，实现人才、资源、产业向乡村汇聚，构建城乡融合发展的体制机制。总之，实施乡村就业创业促进行动对于乡村产业振兴、人才振兴、生态振兴、文化振兴和组织振兴，加快推进农业农村现代化，实现农业强起来、农村美起来、农民富起来，都具有十分重要的意义。

二、准确把握总体要求

实施乡村就业创业促进行动要以习近平新时代中国特色社会主义思想为指导，以实施乡村振兴战略为总抓手，以推进农业供给侧结构性改革为主线，按照"政府搭建平台、平台集聚资源、资源服务就业创业"的总要求，动员各方力量，整合各种资源，强化各项举措，通过壮大产业、培育主体、搭建平台、推进融合，支持和鼓励更多返乡下乡本乡人员就业创业，努力形成创新促创业、创业促就业、就业促增收的良好局面。

实施乡村就业创业促进行动，要坚持自主就业创业，支持各类主体自主决定就业创业领域、方向、形式；政府重点提供公共服务、优化外部环境、加强产业引导。坚持人才优先培养，把人才作为就业创业的核心要素，激励各类人才在农村广阔天地大施所能、大展才华、大显身手。坚持特色产业带动，根据产粮村、特色村、城边村、工贸村、生态村、古村落村的不同资源禀赋，宜农则农、宜加则加、宜商则商、宜旅则旅，支持能人返乡、企业兴乡和市民下乡促进就业创业。坚持产业融合发展，按照"基在农业、惠在农村、利在农民"要求，以让农民分享全产业链增值收益为核心，延长产业链、提升价值链、完善利益链，构建现代农业产业体系、生产体系、经营体系，推进就业创业向园区聚集。

三、进一步明确目标任务

力争到 2020 年，培训农村创业创新人才 40 万人，培育农村创业创新带头人 1 万名，宣传推介优秀带头人典型 300 个；培育 100 名国家级、1 000 名省级和 1 万名市县级农村创业创新导师；建设 300 个国家农村创业创新园区（基地）、100 个全国农村创业创新人员培训基地。建立促进就业创业的政策体系、工作体系和服务体系，促进乡村就业创业规模水平明显提升。

（一）围绕培育主体促进就业创业。依托返乡创业培训五年行动计划、新型职业农民培育工程、农村实用人才带头人和大学生村官示范培训、农村青年创业致富"领头雁"计划、贫困村创业致富带头人培训工程、农村创业致富女带头人等项目，有针对性地开展创业创新人才培训。开展农村创业创新"百县千乡万名带头人"培育工作和百万人才培训行动，以农民合作社、家庭农场、专业大户、农业企业和纯农户、兼业户和职业户为重点，培育一批新型农业经营主体和新型职业农民；以科技人才、企业家、经营管理和职业技能人员等人才队伍为主，培育一批乡村复合型人才；以农村创业创新带头人、科技人员、企业家、创业辅导师等为重点，培育农村创业创新导师队伍；以农村创业创新项目创意大赛、农村创业创新成果展览展示等为载体，选拔培育一批优秀创意项目和创业者，对接优质资源要素，激发就业创业热情。

（二）围绕打造园区促进就业创业。动态跟踪1 096个全国农村创业创新园区（基地）运营情况，及时更新园区（基地）目录，加快建设一批区域特色明显、基础设施完备、政策措施配套、科技创新条件完善、服务能力较强的国家农村创业创新园区（基地）；确认一批农村创业创新人员培训、实训、见习、实习和孵化基地，不断提升培育质量；加强与各类创业创新基地的交流合作，建立共享共赢机制，适时开展督促检查和第三方评估。

（三）围绕发展特色产业促进就业创业。支持发展农产品初加工、精深加工、综合利用加工、主食加工、休闲旅游、电子商务等优势产业，鼓励发展特色农业、传统民俗民族工艺，手工编织、乡村特色制造、乡土产业、养生养老、科普教育和生产性服务业等乡村特色产业，指导发展分享农场、共享农庄、创意农业等，培育发展家庭工厂、手工作坊、乡村车间，鼓励在乡村地区兴办环境友好型企业，实现乡村多元化就业创业。

（四）围绕推动产业融合促进就业创业。积极推广农业内部融合、产业延伸融合、功能拓展融合、新技术渗透融合、产城融合和复合型融合等多种融合模式；支持发展循环型、终端型、体验型、智慧型等农业新业态，推进智能生产、经营平台、物流终端、产业联盟和资源共享等农业新模式；大力引导农业与乡村工艺、制造、文化、教育、科技、康养、旅游、生态、信息等产业深度融合，指导各类园区重点建设融合产业、集群发展和利益联结机制等内容，培育一批农村一二三产业融合发展示范园和先导区，为乡村就业创业提供更多选择和机会。

四、切实强化保障措施

（一）强化组织领导。各级农业农村部门要把实施乡村就业创业促进行动作为乡村振兴战略的重要举措，作为经常性、长期性和战略性的重要任务来抓，研究制定本地乡村就业创业促进行动工作方案，进一步明确任务分工和进度安排，建立保障机制、督查机制和激励约束机制。于6月底前将工作方案报送农业农村部农产品加工局（农村创业创新工作推进协调机制办公室）；要积极发挥牵头作用，加快建立农村创业创新推进协调机制，认真履行规划、指导、管理、服务等职能；要指导市县农业农村部门进一步明确行动的目标任务、进度安排、责任分工和保障措施，确保推进行动取得实效；要定期开展督导检查，上下联动、共同发力，力争形成齐抓共管的良好局面。

（二）强化政策落实。各地要认真对照《国务院办公厅关于支持返乡下乡人员创业创新促进农村一二三产业融合发展的意见》等文件，尽快制定出台相应的实施意见，进一步推动各项就业创业政策细化实化、落地见效。通过政府购买服务、以奖代补、先建后补等方式，支持乡村就业创业项目；通过保底分红、股份合作、利润返还等多种形式，让农民合理分享全产业链增值收益；通过创设新的财税、金融、用地、用电、科技、信息、人才等配套政策措施，构建全链条优惠政策体系；通过深化"放管服"改革，激活市场、要素和主体活力。

（三）强化公共服务。要针对乡村就业创业涉及的主要产业、优惠政策、配套服务等内容，督促指导市县加快建设乡村就业创业共享平台和信息服务窗口，增强就业创业的引导性、精准性和协同性；进一步加强就业创业辅导培训，提升就业创业能力；加强农村创业创新监测调查，及时掌握农村创业创新新动向；做好农村创业创新农村产业融合发展专题宣传；积极争取金融、投资和相关部门的支持，完善乡村就业创业合作机制。

（四）强化典型带动。积极利用各种场合和各类平台，通过座谈会、大讲堂、现场交流等活动，以农村创业创新优秀带头人和优秀乡村企业家的创业历程等为素材，讲述乡村就业创业故事，分享做法经验，在提升乡村就业创业人员素质能力同时，激励更多返乡下乡本乡人员在农村脚踏实地创出一片大有可为的新天地，培育一支留得住、用得上、靠得住的乡村就业创业人才队伍。

（五）强化宣传引导。广泛通过广播、电视、报纸、网络、微信、微博、宣传册、明白纸等形式，积极宣传促进乡村就业创业发展的相关政策和项目实施成效；积极宣传各类促进乡村就业创业发展的典型平台和模式，发挥其示范带动作用；积极宣传乡村就业创业的各项活动，提高社会影响力，吸引社会各界广泛关注并积极投身乡村就业创业促进行动中，推动乡村就业创业蔚然成风。

第四节 "大众创业 万众创新" 税收优惠政策指引发布

为方便纳税人及时了解掌握税收优惠政策，更好发挥税收助力大众创业、万众创新的税收作用，税务总局于 2017 年 4 月发布了《"大众创业 万众创新" 税收优惠政策指引》（以下简称《指引》），受到广大纳税人普遍欢迎。党中央、国务院持续加大对创新创业的支持力度，新推出一系列税收优惠政策。税务总局在认真抓好落实的同时，及时跟进梳理，形成了最新《指引》，在 2019 年 6 月全国 "双创" 活动周举办期间特别推出。

《指引》归集了截至 2019 年 6 月我国针对创新创业主要环节和关键领域陆续推出的 89 项税收优惠政策措施，覆盖企业从初创到发展的整个生命周期。其中，2013 年以来出台的税收优惠有 78 项。

《指引》延续了 2017 年的体例，结构上分为引言、优惠事项汇编和政策文件汇编目录。每个优惠事项分为享受主体、优惠内容、享受条件和政策依据。优惠事项汇编继续按照三个阶段对企业初创期、成长期和成熟期适用的税收优惠政策进行分类整理，在内容上展示了支持创业创新的税收优惠政策最新成果。

一、在促进创业就业方面

小型微利企业所得税减半征税范围已由年应纳税所得额30万元以下逐步扩大到300万元以下，增值税起征点已从月销售额3万元提高到10万元，高校毕业生、退役军人等重点群体创业就业政策已"提标扩围"，并将建档立卡贫困人口纳入了政策范围。

二、在鼓励科技创新方面

一是为进一步促进创新主体孵化，科技企业孵化器和大学科技园免征增值税、房产税、城镇土地使用税政策享受主体已扩展到省级孵化器、大学科技园和国家备案的众创空间；创业投资企业和天使投资个人所得税政策已推广到全国实施。二是为进一步促进创业资金聚合，金融机构向小微企业、个体工商户贷款利息免征增值税的单户授信额度，已由10万元扩大到1 000万元；金融机构与小型微型企业签订借款合同免征印花税。三是为进一步促进创新人才集聚，对职务科技成果转化现金奖励减征个人所得税。四是为进一步促进创新能力提升，研发费用加计扣除力度逐步加大，企业委托境外发生的研发费用纳入加计扣除范围，所有企业的研发费用加计扣除比例均由50%提高至75%，固定资产加速折旧政策已推广到所有制造业领域。五是为进一步促进创新产业发展，软件和集成电路企业所得税优惠政策适用条件进一步放宽。

《指引》可以在税务总局网站查询，广大纳税人可以对照《指引》，找到适合自身发展的税收优惠，充分享受政策红利。税务部门也将持续深化"放管服"改革，不断创新服务举措，确保"双创"优惠政策落地更便利更通畅。

【链接】

2019 年全国部分省（区、市）
返乡创业优惠政策

近年来，国家采取一系列政策措施，鼓励有知识、有资本、有能力的人员返乡下乡创业创新。在国家政策的引导下，各省（区、市）也纷纷出台了一系列政策支持创业者。

01. 新疆

（1）符合条件的个人，可在创业地申请最高额度不超过 10 万元的创业担保贷款。对合伙经营或组织起来创业的，可按照人均不超过 10 万元、总额不超过 100 万元的标准申请创业担保贷款。对符合创业担保贷款条件的劳动密集型小企业，最高贷款额度 200 万元，贷款期限最长为两年。

（2）对符合条件的个人创业担保贷款，财政部门给予全额贴息。

02. 河北

（1）对返乡下乡人员创办的示范家庭农场、领办的示范合作社，加大扶持力度。

（2）支持返乡下乡人员利用大数据、物联网、云计算、移动互联网等新一代信息技术开展创业创新。

（3）实施农民工等人员返乡创业培训 5 年行动计划和新型职业农民培育工程、农村青年创业致富"领头雁"计划、贫困村创业致富带头人培训工程等。

（4）对符合创业担保贷款条件的可给予个人最高 10 万元、合伙创业最高 40 万元的创业担保贷款额度，财政部门按照规定的贴息标准予以贴息。

03. 甘肃

（1）免收登记类、证照类等行政事业性收费。

（2）个人可申请创业担保贷款，最高额度为 10 万元。

（3）对返乡下乡人员创建的新型农业经营主体、创业创新园区（基地）等给予支持。

（4）实施创业培训 5 年行动计划和新型职业农民培育工程、农村青年创业致富"领头雁"计划、贫困村创业致富带头人培训工程等。

04. 四川

（1）有条件的地方，可对返乡下乡创业者从事适度规模经营流转土地 60 亩（1 亩≈667 平方米，全书同）以上的给予奖补。返乡下乡创业者流转土地开展粮食种植达到 30 亩以上的，按规定享受种粮大户补贴政策。

（2）鼓励建立返乡下乡创业农村电子商务服务平台，并由各地根据实际情况对场地租金和网络使用费等给予一定比例的补贴，补贴期限一般不超过 3 年。

（3）符合贷款条件的，按不超过 10 万元发放创业担保贷款；合伙创业或组织起来共同创业符合条件的，贷款额度可适当提高。创办小微企业符合条件的，可给予最高额度不超过 200 万元的创业担保贷款。

05. 河南

（1）参加创业培训补贴标准为 1 500 元；对开发项目成功创业且正常经营 1 年以上的，给予 2 000 元的补贴；取得工商、税务登记且有固定经营场所，稳定经营 6 个月以上，带动当地 3 人以上就业且签订 1 年以上期限劳动合同的，一次性给予创业者 5 000 元的创业补贴。

（2）对符合条件给予最高不超过 10 万元的创业担保贷款。对合伙经营或组织起来共同创业的，按每人最高不超过 10 万元、总额不超过 50 万元给予创业担保贷款。

（3）对认定为省级电子商务示范县的，给予每县 1 500 万元的补助。对认定为省级农民工返乡创业示范县的，给予一次性奖补 200 万元。对评定为省级创业培训示范基地的，给予一次性奖补 300 万元。对省评定的省级农民工返乡创业示范园区，省财政给予一次性奖补 50 万元。对评定的返乡农民工创业省级优秀示范项目，给予一次性奖补 2 万~15 万元。被评定为"创业之星"的，给予一次性奖励 1 万元。

（4）小微企业，符合有关政策规定的，减免相关税费。

06. 山东

（1）个人可申请最高 10 万元的创业担保贷款；小微企业可申请最高不超过 300 万元的创业担保贷款。

（2）对首次领取小微企业营业执照、正常经营并在创办企业缴纳职工社会保险费满 12 个月的，按规定给予不低于 1.2 万元的一次性创业补贴。

（3）创业人员招用就业困难人员、毕业年度高校毕业生将按照规定给予社会保险补贴。

07. 湖北

（1）对返乡创业企业在创业示范园区内发生的场租、水电费，给予不超过当年实际费用 50%、最高不超过 5 万元的补贴；对流转土地的可给予一定补贴。

（2）对被评定为省级返乡创业示范县（市、区）的，给予 100 万元奖补；对被评定为省级返乡创业示范园区的，给予 60 万元奖补；对评选为省级优秀示范项目的，给予最高 20 万元奖补。

（3）对首次创业办理注册登记、正常经营 6 个月及以上、带动就业 3 人及以上的，给予 5 000 元的一次性扶持创业补贴。

（4）对符合条件的个人发放的创业担保贷款最高额度为 10 万

元；对符合条件的借款人合伙创业或组织起来共同创业的，可按不超过 50 万的额度实行捆绑式贷款；对返乡人员创办的小微企业，可按规定申请不超过 200 万元的创业担保贷款，财政部门按规定给予贴息。

08. 安徽

（1）个人可申请不超过 10 万元的担保贷款，按规定给予贴息；创办劳动密集型小企业或新型农业经营主体，可按规定给予最高额度不超过 200 万元的创业担保贷款，并按照同期贷款基准利率的 50% 给予财政贴息。

（2）设立扶持返乡创业专项资金，主要用于落实房租水电补贴、购买创业项目、组织创业大讲堂、开展优秀创业人员外出培训、创业典型奖励宣传等。

（3）鼓励金融机构开发符合返乡创业需求特点的产品和服务，探索将集体建设用地使用权、土地经营权、农村房屋所有权、林权等农村产权纳入融资担保抵押范围。

09. 江苏

（1）鼓励各地将个人贷款最高额度提高到不低于 30 万元，贷款期限延长到 3 年。

（2）对创业失败者，在工商部门首次注册登记起 3 年内的创业者，企业注销后登记失业并以个人身份缴纳社会保险费 6 个月以上的，可按照纳税总额的 50%、最高不超过 1 万元的标准从就业资金中给予一次性补贴，用于个人缴纳的社会保险费。

10. 江西

（1）加大对返乡下乡人员创办的企业、农民合作社、家庭农场、种养大户的信贷扶持力度。稳步推进农村土地承包经营权、农民住房财产权抵押贷款试点。

（2）对符合创业条件的返乡下乡人员，可获创业担保贷款最高额度为 10 万元；对符合条件的小微企业，贷款最高限额为 400

万元。

（3）支持返乡下乡人员依托自有和闲置农房院落发展农家乐。鼓励利用闲置校舍、村庄空闲地等，用于返乡下乡人员创业创新。

11. 贵州

（1）到贫困地区创业，带领建档立卡贫困人口脱贫致富的，不仅可申报扶贫项目资金扶持，还可享受相关税收减免政策。

（2）对农业类生产设施用地，可给予优先审批；对农产品初加工项目用地，可按不低于所在地土地等别相对应全国工业用地出让最低价标准的70%购买。

（3）设创业"绿色通道"，提供精准高效的政策咨询、证照办理等服务。

12. 广东

（1）个人最高20万元创业担保贷款；合伙经营或创办小企业的可按每人不超过20万元、贷款总额不超过200万元的额度实行"捆绑性"贷款；符合贷款条件的劳动密集型和科技型小微企业，贷款额度不超过300万元。

（2）启动运营省级创业引导基金，加快完善返乡创业信用评价机制，扩大抵押物范围，降低返乡创业贷款门槛。

13. 内蒙古

（1）设立"绿色通道"，提供便利服务。

（2）对进入创业创新园区的，提供有针对性的创业辅导、政策咨询、集中办理证照等服务。

（3）对于返乡下乡人员开办企业，免工商注册类收费。

（4）实施返乡创业培训5年行动计划和新型职业农牧民培育工程、农村牧区青年创业致富"领头雁"计划、贫困村创业致富带头人培训工程等。

14. 辽宁

（1）设立"绿色通道"，提供便利服务。

（2）整合涉农财政专项资金，对符合条件的给予支持。

（3）对创业创新用地，可优先纳入供应计划，保障供应。在产地对产品直接进行初加工的工业项目，确定土地出让底价时，可按不低于所在地土地级别相对应标准的70%执行。

（4）发展农业、林木培育和种植、畜牧业、渔业生产、农业排灌用电以及农业服务业中的农产品初加工用电，均执行农业生产电价。

（5）可在创业地按相关规定参加各项社会保险，可按规定给予一定社会保险补贴。

15. 吉林

（1）对创业基地面积达到2 000平方米以上，入驻企业（农户）达到30户以上，带动就业人数100人以上，经考核认定命名为省农民工返乡创业基地的，给予补助。

（2）对返乡下乡创业人员首次创办小微企业或从事个体经营，领取工商营业执照且有正常经营行为1年以上，带动2人就业并缴纳社会保险费的，给予一次性5 000元初创企业补贴。

（3）继续实施农民工等人员返乡下乡创业培训5年行动计划和返乡下乡创业带头人培育计划。

16. 云南

（1）对返乡下乡人员创业创新免收登记类、证照类等行政事业性收费，全面落实国家和省取消的职业资格许可和认定事项。

（2）采取财政贴息、融资担保、扩大抵押物范围等综合措施，努力解决返乡下乡人员创业创新融资难问题。

（3）扩展财政扶持产业发展有关专项资金扶持范围，继续实施"两个10万元"微型企业培育工程，支持符合条件的返乡下乡人员创业创新项目，补助资金向贫困县倾斜。

（1）支持农民工返乡创业，落实定向减税和普遍性降费政策。

（2）个人可申请不超过30万元的贷款；合伙经营或创办企业

的，可适当提高贷款额度。

（3）对符合要求的人员实行全额贴息，其他人员实行50%贴息。

（4）正常经营并依法缴纳社会保险费1年以上的，给予不超过5 000元的一次性创业社保补贴。重点人群创办个体工商户或企业带动3人就业，并依法缴纳社会保险费1年以上的，给予每年2 000元的带动就业补贴；带动超过3人就业的，每增加1人再给予1 000元补贴，每年总额不超过2万元，补贴期限不超过3年。

（5）重点人群从事农村电子商务创业的，一次性创业社保补贴和带动就业补贴标准可上浮20%。

18. 湖南

（1）将农民工返乡创业园和农民工创办的企业纳入省级创新创业带动就业示范基地和实行"双百资助工程"评选范围，按规定给予每个省级创新创业带动就业示范基地不超过100万元的一次性以奖代补资金。

（2）向符合政策规定条件的返乡农民工发放创业担保贷款，贷款最高额度不超过10万元，期限一般不超过2年；创业担保贷款在基础利率基础上上浮3个百分点以内的，由财政部门按规定贴息；贷款期满可申请延期，延期期限不得超过1年，延期不贴息。

（3）对返乡农民工创办的劳动密集型小企业，可按规定给予最高额度不超过200万元的创业担保贷款，并给予贷款基准利率50%的财政贴息。

19. 广西

（1）到2020年，全面实现3个工作日内完成企业开办审批手续的目标。

（2）对贫困地区符合条件的个人创业担保贷款，给予3年全额贴息；对其他地区符合条件的个人创业担保贷款，按2年给予全额贴息。

（3）小微企业当年新招用符合创业担保贷款申请条件的人员达到企业现有在职职工人数25%（超过100人的企业达15%），并与其签订1年以上劳动合同的，可以申请最高额度为200万元的小微企业创业担保贷款，贷款期限最长不超过2年，并按照贷款合同签订日贷款基础利率的50%给予贴息。

（4）农林牧渔业产品初加工项目在确定土地出让底价时，可按不低于所在地土地等别相对应全国工业用地出让最低价标准的70%执行。

20. 山西

（1）开展有针对性和差异化需求的创业培训，对于符合条件的人员参加创业培训的，将按规定给予财政创业培训补贴。

（2）免费提供有针对性的创业就业政策法规咨询、职业指导、职业介绍等基本公共服务。

（3）对农民工等人员返乡创业的，将纳入政府创业担保贷款范围，按规定给予财政贴息支持。

21. 北京

对于北京来说，重点是鼓励在京的外来务工人员返乡创业。另外，北京对产业扶持的目标很明确：金融、科技，其他不在扶持范围内。

22. 天津

（1）对其招用女35周岁、男45周岁以上失业人员的，按规定给予社保补贴、岗位补贴和培训补贴。

（2）加快发展农民专业合作社，允许在农村土地承包期限内且不改变土地用途的前提下，以土地承包经营权入股设立农民专业合作社。

（3）对符合条件的担保贷款给予贴息扶持。

23. 上海

（1）提供有针对性的创业辅导、政策咨询、集中办理证照等服务。对返乡下乡人员创业创新免收登记类、证照类等行政事业性收费。

（2）采取财政贴息、融资担保、扩大抵押物范围等综合措施，努力解决返乡下乡人员创业创新融资难问题。

（3）在符合土地利用总体规划的前提下，通过调整存量土地资源，缓解返乡下乡人员创业创新用地难问题。

（4）整合创建一批具有区域特色的返乡下乡人员创业创新园区（基地），建立开放式服务窗口，形成合力。

24．重庆

（1）小微企业可申请 15 万元以内 2 年期的创业扶持贷款，贷款利率执行同期基准利率的，市财政给予承贷银行 1 个百分点的奖励；最高可申请 200 万元的创业担保贷款，并可享受创业担保贷款财政贴息。

（2）对创业孵化基地内的孵化企业成功运营 1 年以上且每户直接带动一定人数就业的，给予一定补贴。

（3）对月销售额不超过 3 万元的增值税小规模纳税人免征收增值税；对符合条件的小微企业，减按 20% 的税率征收企业所得税；对年应纳税所得额低于 30 万元（含 30 万元）的符合条件的小微企业，其所得减按 50% 计入应纳税所得额，按 20% 的税率征收企业所得税。

（4）对符合条件的新办微型企业和鼓励类中小企业，按其缴纳企业所得税和增值税地方留成部分给予 2 年补贴。

25．黑龙江

（1）对返乡下乡创业人员免收登记类、证照类等行政事业性收费。

（2）对符合条件的返乡下乡创业人员，个人创业担保贷款最高额度为 10 万元。小微企业创业担保贷款，贷款额度由经办银行根据小微企业实际招用符合条件的人数合理确定，最高不超过 200

万元。

26. 青海

（1）对自主创业的给予2 000元补贴，对两人及以上合伙创业的给予3 000元补贴。对返乡人员创办经营实体或网络商户，经营1年以上实现成功创业的，给予一次性奖励和不超过3年的社保补贴，其中，大中专毕业生创业奖励1万元。失地农民、生态移民、退役军人及其他登记失业的城镇就业困难人员创业奖励5 000元，农民工等城乡其他人员创业奖励2 000元。

（2）对返乡创办企业或从事个体经营吸纳就业困难群体就业的，给予一次性岗位开发补贴，每新开发一个就业岗位给予1 000元补贴，每个经营主体补贴额度最高不超过2万元。

（3）对大中专毕业生创办领办农牧民合作社并在公共就业人才服务机构办理就业创业登记的，每人每月可享受1 000元生活补贴，按照基本养老、基本医疗和失业保险个人实际缴费的70%予以社保补贴，补贴期限3年。

27. 西藏

（1）凡是国家法律法规没有明令禁止和限制的行业及领域，一律允许农牧民工等返乡人员进入，不得自行设置限制条件。

（2）农牧民工等人员返乡创业，符合政策规定条件的，可享受相关税费优惠政策。

（3）对农牧民工等返乡人员创办的新型农牧业经营主体，符合农牧业补贴政策支持条件的，可按规定同等享受相应的政策支持。

28. 宁夏

（1）对达到国家和自治区创业孵化园建设标准的返乡农民工创业园一次性给予100万元补贴资金。

（2）对符合条件的返乡创业人员个人给予最高额度10万元创业担保贷款，最长期限2年，财政部门按规定予以贴息。对返乡创业农民工等人员创办的新型农业经营主体，属于劳动密集型小企业的，可按规定给予最高额度不超过 200 万元的创业担保贷款，并给予贷款基准利率 50%的财政贴息。

29. 陕西

（1）符合条件的可申请创业担保贷款，最高额度为 10 万元。对企业吸纳就业困难农民工再就业，以及就业困难农民工实现灵活就业的，按规定给予社会保险补贴。

（2）进驻由政府主导建立的各类开发园区标准化厂房创业的，3 年内免缴租金、物业管理费、卫生费等费用，适当减免水电费用；进驻民营主体领办或共建的园区或创业孵化基地创业的，由同级财政给予相应补贴。进驻园区的企业，可由园区或基地担保申请创业担保贷款。

（3）符合政策规定条件的，可享受税收减免和政府性基金、行政事业性收费等普遍性降费政策。

（4）省级对评为"创业明星"的，给予每人 5 000 元的一次性奖励。

30. 福建

（1）重点扶持返乡人员创建农机服务、土地托管等合作社。

（2）省级财政安排 3 000 万元扶持 150 个省级农民合作社示范社；各级财政每年重点培育 500 家家庭农场示范场；省级财政对获国家级、省级休闲农业示范点的创业企业分别给予一次性补助 60 万元、40 万元。

（3）对通过自营或第三方平台销售福建农产品，网上年销售额超过 5 000 万元的 B2C 企业和网上年销售额超过 1 亿元的 B2B 企业，省级给予单个企业最高不超过 100 万元奖励。

（4）从事种植业、食用菌、禽畜和水产养殖的用电执行农业生产电价，从事鲜活农产品运输的可享受绿色通道政策。

（5）对创投机构投资的初创期、成长期科技企业，各地可给予 3 年全额房租补贴。

第五章　捕捉创业机会

第一节　创业机会的识别与捕捉

随着经济全球化的进程逐渐加快，企业面临着更加动态多变的外部环境，也面临着日趋严峻的竞争态势。在复杂、动态的环境中，各种创新和创业活动已经成为企业生存和发展的必要条件，但创新和创业活动绝不是凭空进行的，需要具备一定的条件。除了对外部环境的适应性需求外，还需要拥有创业机会。

一、创业机会的概念及特征

1. 创业机会的概念

创业机会，是指在市场经济条件下，在社会的经济活动过程中形成和产生的一种有利于企业经营成功的因素，是一种带有偶然性并能被经营者认识和利用的契机。它是有吸力的、较持久的和适时的一种商务活动空间，并最终表现在能够为消费者或客户创造价值或增加价值的产品或服务中，同时能为创业者带来回报或实现创业目的。

2. 创业机会的特征

有的创业者认为自己有很好的想法和点子，对创业充满信心。有想法有点子固然重要，但是并不是每个大胆的想法和新异的点子都能转化为创业的机会。许多创业者因为仅仅凭想法去创业而失败了。创业机会有以下 3 个特征。

（1）普遍性。凡是有市场、有经营的地方，客观上就存在着创业机会。创业机会普遍存在于各种经营活动过程之中。

（2）偶然性。对一个企业来说，创业机会的发现和捕捉带有很大的不确定性，任何创业机会的产生都有"意外"因素。

（3）消逝性。创业机会存在于一定的时空范围之内，随着产生创业机会的客观条件的变化，创业机会就会相应消逝和流失。

3. 创业机会的四大来源

（1）问题的存在。创业的根本目的是满足顾客需求，而顾客需求在没有满足前就是问题。寻找创业机会的一个重要途径是善于去发现和体会自己及他人在需求方面的问题或生活中的难处。例如，上海有一位大学毕业生发现远在郊区的本校师生往返市区的交通十分不便，便创办了一家客运公司。这就是把问题转化为创业机会的成功案例。

（2）不断变化的环境。创业的机会大都产生于不断变化的市场环境，环境变化了，市场需求、市场结构必然发生变化。著名管理大师彼得·德鲁克将创业者定义为那些能"寻找变化，并积极反应，把它当做机会充分利用起来的人"。这种变化主要来自于产业结构的变动、消费结构升级、城市化加速、人口思想观念的变化、政府政策的变化、人口结构的变化、居民收入水平提高、全球化趋势等诸多方面。如居民收入水平提高，私人轿车的拥有量将不断增加，就会派生出汽车销售、修理、配件、清洁、装潢、二手车交易、陪驾等诸多创业机会。

（3）创造发明。创造发明提供了新产品、新服务，能更好地满足顾客需求，同时也带来了创业机会。如随着电脑的诞生，电脑维修、软件开发、电脑操作的培训、图文制作、信息服务、网上开店等创业机会随之而来，即使你不发明新的东西，你也能成为销售和推广新产品的人，从而给你带来商机。

（4）竞争。如果你能弥补竞争对手的缺陷和不足，这也将成为你的创业机会。看看你周围的公司，你能比他们更快、更可靠、更便宜地提供产品或服务吗？你能做得更好吗？若能，你也许就找到了机会。

二、创业机会的识别

我们正处在一个充满机会的年代。机会是一个神圣的因素，就像夜空中偶尔飞过的流星，虽然只有瞬间的光辉，但却照亮了漫长的创业里程。机会对于所有的创业者都是均等的，每个创业者都不缺少机会。不同的是，有的人在机会到来时紧紧抓住了它，创出了一番事业；有的人面对机会却无动于衷，错失良机。如何识别创业机会，是创业者首先要解决的问题。

1. 创业机会信息的收集

创业机会信息的收集是使创意变为现实的创业机会的基础工作。

（1）根据创意明确研究的目的或目标。例如，创业者可能会认为他们的产品或服务存在一个市场，但他们不能确信产品或服务如果以某种形式出现，谁将是顾客？这样，研究的一个目标便是向人们询问他们如何看待该产品或服务，是否愿意购买，了解有关人口统计的背景资料和消费者个人的态度。当然，还有其他目标，如了解有多少潜在顾客愿意购买该产品或服务，潜在的顾客愿意在哪里购买，以及预期会在哪里听说或了解该产品或服务等。

（2）从已有数据或第一手资料中收集信息。这些信息主要来自于商贸杂志、图书馆、政府机构、大学或专门的咨询机构以及互联网等。一般可以找到一些关于行业、竞争者、偏好趋向、产品创新等方面的信息。该种信息的获得一般是免费的，或者成本较低。

（3）从第一手资料中收集信息。包括一个数据收集过程，如观察、访谈、集中小组试验以及问卷等。该种信息的获得一般来说成本比较高，但却能够获得有意义的信息，可以更好地识别创业机会。

2. 创业机会的发现

投资创业要善于抓住好的机会，把握住了每个稍纵即逝的投资创业机会，就等于成功了一半。发现创业机会的方法，具体表现在以下几个方面。

（1）变化就是机会。环境的变化会给各行各业带来良机，人们透过这些变化，就会发现新的前景。变化可以包括：产业结构的变化、科技进步、通信革新、政府放松管制、经济信息化和服务化、价值观与生活形态变化、人口结构变化等。

（2）从"低科技"中把握机会。随着科技的发展，开发高科技领域是时下热门的课题，但机会并不只属于高科技领域，在运输、金融、保健、饮食、流通这些低科技领域也有机会，关键在于开发。

（3）集中盯住某些顾客的需要就会有机会。机会不能从全部顾客身上去找，因为共同需要容易认识，基本上已很难再找到突破口，而实际上每个人的需求都是有差异的，如果我们时常关注某些人的日常生活和工作，就会从中发现某些机会。因此，在寻找机会时，应习惯把顾客分类，认真研究各类人员的需求特点。

（4）追求"负面"就会找到机会。追求"负面"，就是着眼于那些大家"苦恼的事"和"困扰的事"。因为是苦恼、是困扰，人们总是迫切希望解决，如果能提供解决的办法，实际上就是找到了机会。

3. 创业机会的时机判断

创业机会存在于或产生于现实的时间之中。一个好的机会是诱人的、持久的、适时的，它被固化在一种产品或服务中，这种产品或服务为它的买主或最终用户创造或增加了价值。在创业的过程中可能存在这样的问题：如果真的有一个经营机会，是否有抓住这个机会的足够时间呢？这取决于技术的动作和竞争对手的动向等因素，所以说，一个市场机会通常也是一个不断移动的目标，在此意义上，存在着一个"机会窗口"。所谓机会窗口，是指市场存在的发展空间有一定的时间长度，使得创业者能够在这一时段中创立自己的企业，并获得相应的盈利与投资回报。

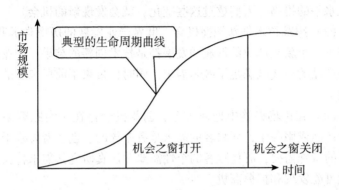

图 典型行业的生命周期

上图描述的是典型行业的生命周期，曲线的坡度平缓，商机出现的概率则要小一些。一般来说，市场随着时间的变化以不同的速度增长，并且随着市场的迅速扩大，往往会出现越来越多的机会。但当市场变得更大并稳定下来时，市场条件就不那么有利了。因此，在市场扩展到足够大的程度、形成一定结构时，机会窗口就打开了；而当市场成熟了之后，机会窗口就开始关闭。

4. 创业机会的把握

创业者不仅要善于发现机会，更需要正确把握并果敢行动，将机会变成现实的结果，这样才有可能在最恰当的时候出击，获得成功。把握创业机会，应注意以下几点。

（1）着眼于问题把握机会。机会并不意味着无须代价就能获得，许多成功的企业都是从解决问题起步的。问题，就是现实与理想的差距，顾客需求在没有满足之前就是问题，而设法满足这一需求，就抓住了市场机会。

（2）利用变化把握机会。变化中常常蕴藏着无限商机，许多创业机会产生于不断变化的市场环境。环境变化将带来产业结构的调整、消费结构的升级、思想观念的转变、政府政策的变化、居民收入水平的提高。人们透过这些变化，就会发现新的机会。

（3）跟踪技术创新把握机会。世界产业发展的历史告诉我们，几乎每一个新兴产业的形成和发展都是技术创新的结果。产业的变更或产品的替代既满足了顾客需求，同时也带来了前所未有的创业机会。

（4）在市场夹缝中把握机会。创业机会存在于为顾客创造价值的产品或服务中，而顾客的需求是有差异的。创业者要善于找出顾客的特殊需要，盯住顾客的个性需要并认真研究其需求特征，这样就可能发现和把握商机。

（5）捕捉政策变化把握机会。中国市场受政策影响很大，新政策出台往往引发新商机，如果创业者善于研究和利用政策，就能抓住商机，站在潮头。

（6）弥补对手缺陷把握机会。很多创业机会是缘于竞争对手的失误而"意外"获得的，如果能及时抓住竞争对手策略中的漏洞而大做文章，或者能比竞争对手更快、更可靠、更便宜地提供产品或服务，也许就找到了机会。

第二节　创业机会的评估与选择

并不是所有的创业机会都具有价值，好的创业机会就像珍珠，是非常难得的。对于创业机会的选择需要认真地分析和评价，可以借用平常对创业投资项目的分析和评价方法来进行。一般来讲，绝大部分创业投资公司在对项目进行投资决策之前都要经过快速筛选、项目初审、审慎调查以及达成协议等几个过程，这些程序同样也适用于对创业机会的分析和评价。对创业机会进行评价的具体内容可以分为以下几方面。

一、对创业团队进行自我审视和评估

创业管理团队是企业创立和发展最关键的资源，也是吸引投资家投资的最重要因素。如果创业团队缺乏必要的素质，那么即使项目科技含量再高，市场前景再好，还是无法给投资者以信心。创业团队是投资家在进行创业投资项目评估时极为看重的要素之一，因此，创业团队应站在投资家的角度对自我进行审视和评价，看是否符合投资家选择战略伙伴的条件和要求。那么如何对创业团队进行评价呢？

（1）引入心理和能力测评系统，用来分析创业管理者的心理素质和基本能力，以便能识别、管理、控制、分散创业投资项目中最大的风险，即人的风险。

（2）审视创业者自身的背景、经历、品德、心理、道德、志向等综合素质，试想自己是风险投资家，能否对这样的创业者放心和满意。通常情况下，大多数投资公司对创业团队的评估，一般都是从管理模式和主要管理者个人两个方面来进行的，而且多以定性评估为主，以一些定量数据作为辅助性补充。

（3）对创业团队的财务状况进行调查与评估同样重要。

二、对市场因素的调查与评估

只有当市场（即消费者或客户）认可创业企业的产品或服务时，创业企业才可能生存并发展。

1. 对市场结构的调查与评估

每一市场都有一定的市场结构，市场结构的特征主要由以下因素所决定：销售者的数目、销售者的规模结构、产品的差别化、进入和退出市场的障碍、购买者的数目、市场需求对价格变化的敏感程度。

2. 对市场规模的调查与评估

如果一个新企业进入的是一个市场规模巨大而且还在发展中的市场，那么在这个市场上占有一个较大的份额就可以拥有相当大的销售量。

如果一个创业企业在未来能够占有 20% 的市场份额，表明这个企业的潜力是巨大的，因为在创业企业首次公开上市或出售时，较高的市场份额将会使企业具有较大的吸引力，进而创造出非常高的市场价值，否则该企业的市场价值可能比其账面价值高不了多少。

3. 对成本结构的调查与评估

低成本的企业对投资家是有一定吸引力的。低成本可能来源于行业中存在的规模经济，对于刚刚创业的企业来说，要在起步阶段就利用规模经济来实现低成本恐怕是勉为其难的，但低成本也可以来源于销售和管理，这大概是创业企业的希望所在。对于创业投资家来说，如果市场中只有少量产品出售而且产品单位成本都很高时，那么，销售和管理成本较低的公司就可能具有较大的吸引力，从而得到创业投资家的青睐。

4. 产品技术的调查与评估

创业企业的产品能否被市场接受，能否在激烈的市场竞争中长久地占有优势地位以获取高额的利润，都与该新创企业的产品和技术是否具有先进性、独特性有关。所以，对产品技术的评估也是创业投资家进行项目评估的一个重要指标。

对技术先进性的调查与评估技术的先进性是保证创业企业产品获得高收益的必要条件。技术的先进性是指项目的设备、工艺、产品等与技术相关的要素在同一技术序列中的地位，评估时应重点考察其是否会在短期内被某种同类工艺、新设备或新产品取代，导致创业投资项目失败。在实际评估过程中，投资家会要求创业投资项目尽量多地采用新技术、先进工艺、节能设备以提高项目的技术装备水平。具体地说，就是要求技术设计方案先进、生产工艺先进、设备先进、技术基础参数先进。当然，由于不同的行业有不同的特点，其评价技术水平先进性的指标也就不同。所以，在评估时一般要区分行业来选择适用的指标，分行业衡量创业投资项目技术的先进性。

对技术实用性的调查与评估技术实用性就是要求创业企业所采用的技术必须适应其特定的技术和经济条件，可以很快被企业消化，也可以很快投产，并取得良好的经济效益。讲求技术实用性就是要实事求是、因地制宜、量力而行和注重实效，适应当时、当地的具体情况，而不能片面地追求技术上的先进性。创业投资家看待一项产品或技术，不是单纯看它有多先进，而是要判断该技术离产品化、市场化、产业化有多远。在对创业投资项目技术实用性进行评价时，应重点从以下方面来把握。

（1）考虑新技术和新产品之间的差别。

（2）考虑高成长性、高技术的产品与社会生产力相适应的程度。

由于创业投资一般要等到企业的产品和市场发展成熟的时候退出，而一个市场的成熟又要受到社会生产力发展水平的限制，所以创业投资家在评价技术的实用性时，一定要考虑该项技术与社会生产力发展水平的适应程度。

对创业企业来说，对技术门槛和技术延续性的调查与评估不仅需要具有一开始就取得高收益的能力，而且更重要的是要具有排除竞争、构建高技术门槛以及应付因高利润而导致的激烈竞争的能力。

5. 对风险因素的分析与评估

创业投资的特点就是高风险，因此，创业投资家在筛选和评估创业投资项目时还要考虑该项目在成长过程中各个环节存在的风险，并根据自己的经验，对各种不同的风险进行分析与评估，进而做出决策。这要从对风险的识别、测定、防范3个层次来进行。

（1）识别风险。所谓识别风险就是一种损失的确定性。不同的创业投资项目根据项目本身的特性不同有着不同的风险，但是对大多数项目而言，它们都存在着以下4种风险。

①技术风险。是指由于技术迅速进步，新技术的出现使原有的技术面临贬值或淘汰的风险。也有另一种情况是，技术在转化过程中，由于配套的材料、生产工艺上的问题使产品质量不过关，从而带来的风险。

②市场风险。是指市场上存在着盈利和亏损的可能性和不确定性。市场是变幻莫测的，它隐藏着许多不确定性因素，如当新产品上市时，由于消费还没有达到一定程度，往往容易造成销售不畅、产品积压。当消费者开始接受这种产品时，又有可能出现供不应求的局面，或出现供大于求的局面，引起行业内的恶性竞争。这些都是市场所引起的风险。

③管理风险。是指在企业经营过程中，由于受到政策、法律、利率等外部环境的影响以及企业管理阶层自身管理水平的限制，使企业在经营中存在着许多风险，如人事大变动造成的人才流失和利益风险。

④财务风险。是指当企业采取借贷方式融资时，企业的负债比例增大，到期还不了贷款的财务风险也增大；或由于各种因素的影响，企业发展的后续资金缺乏，使企业发展受阻，面临不进则退的危险。

（2）测定风险。对风险的测定主要有定性分析和定量分析两种方法。定性分析的方法主要有主观判定、头脑风暴法、评分分析法。用定量分析对单个项目进行风险测定时，一般采取收益的方差和标准差来测定风险，这对于测定预期收益率相同的各项目的风险程度是十分有效的。

（3）防范风险。在评价风险的过程中，创业投资家应依据以下原则对风险进行防范。

①不选择具有两个以上风险的项目。

②选择可以接受的风险和可控制的风险。

③尽量选择低风险高收益的项目。

④在投资时选择组合投资，以分散风险。为了防范风险，还需要对项目进行全程风险管理，随时或定期对项目进行评估，建立财务预警系统，以便及时发现问题、解决问题，同时建立完善应急措施。

6. 对退出机会的考察与评估

由于对投资家来说，投资变现才是最终目标，因此在进行创业投资项目评估时还应该对资本的变现能力，即对可能的退出机会进行评价。创业投资由于投资对象和投资方式的不同，变现能力也不同。如对上市公司的投资的变现能力较强，而对非上市公司的投资的变现能力就较弱。另外，有的企业在融资时就明确表示在未来的一定时间以一定的价格回购企业，这对创业投资公司来说是较具吸引力的，因而其资本退出的机会更大。另外，在评价退出机会时，我们还要考虑时间的概念，创业投资的资金滞留在创业企业的时间越长，其缩水的可能性就越大，一般来说，创业投资要在 3 年后退出，最长时间也不能超过 5 年，否则就几乎没有利润可谈。对退出机会的考察与评价最重要的就是考察资本的退出通道是否顺畅，如果这种障碍存在甚至障碍重重，那么创业投资公司就可能会避而远之。

第六章　选择创业模式和项目

第一节　创业模式的选择

一、个体经营模式

个体经营是生产资料归个人所有，以个人劳动为基础，劳动所得归劳动者个人所有的一种经营形式。个体经营有个体工商户和个人合伙两种形式。社会上一般认同的个体工商户则指广义上的个体工商户，其中包括个人合伙。

个体经济具有进入门槛不高、成本和风险低、进出自由以及经营规模、方式和场地灵活等特点和优势，是大部分农民在城镇化过程中实现身份转型的必经途径，也是民族地区农民走出农村，实现脱贫致富的必然选择。

一是多种经营之路。面向市场，立足优势，大力发展猪、牛、羊、兔、鸡、鱼、果、药、菜等多种经营骨干品种，形成规模，提高产品商品率和市场占有率。

二是高效农业之路。加速农业科研成果转化，推广良种良法，促进农产品优质、高产、高效，提高农业生产经营效益。

三是区域经济之路。根据地域特点和需求，着力开发特色产业或产品，努力形成"一乡一业，一村一品"的区域经济格局。

四是庭院开发之路。利用庭院，抓好小菜园、小果园、小鱼池、小禽场、小作坊"五小"建设，大力发展庭院经济。

五是加工增值之路。围绕农副产品资源、依托农村专业户、私营企业和乡镇企业，搞好农副产品的系列开发和深加工、精加工、提高农产品效益。

六是产品运销之路。组建农民运销队伍，扩大粮食、畜禽、林果、药材等大宗农产品的长途贩运，促进产品销售，提高经济收入。

二、农民合作社模式

中国农民专业合作社的组织类型大致可以分为三类：比较经典的合作社（A 型）、具有股份化倾向的合作社（B 型）和相对松散的专业协会（C 型）。

所谓 A 型合作社是指比较符合合作社主流原则的合作社，是一种管理比较规范、与社员联系比较紧密的合作社形式。在 A 型合作社中，社员一般交纳大致相等的股金，通常实行一人一票，主要按照社员惠顾额返还利润。A 型合作社多数在工商管理部门登记为企业法人，约占全国合作社总数的 10%。

所谓 B 型合作社是指股份制与合作制相结合的股份合作社。与 A 型合作社相比，B 型合作社与其说是一种合作化形式的制度安排，倒不如说是一种一体化的企业安排。B 型合作社通常由农业企业、基层农技服务部门、基层供销社和比较具有企业家素质的"农村精英"等出资作为股东，再吸收少量的社员股金组建成股份合作社。B 型合作社多数有相关的企业，在工商管理部门登记为企业法人。目前 B 型合作社约占全国合作社总数的 5%。

所谓 C 型合作社在中国通常被称为专业协会。它们是我国农村改革开放以来最早出现的在农民自愿基础上建立的专业服务组织，主要开展农业技术推广和技术服务。最初它们并不是真正意义上的合作经济组织，但随着其自身实力的不断增强。也逐渐涉及其他产前、产后服务，技术经济合作色彩逐渐浓重，所以，它们实际上也可被当作比较松散的农民专业合作社。多数 C 型合作社在民政部门登记，注册为社团组织。目前，C 型合作社约占中国农民专业合作社总数的 85%。C 型合作社与 A 型、B 型合作社的根本区别在于，前者是非产权结合基础上的服务联合，后者是基于产权结合的交易合作。这也正是不少人认为 C 型合作社（专业协会）不是合作社的原因。如果我们不仅将合作社性质认定为企业，而是兼有社团性的特殊企业，那么，专业协会作为致力提高农民组织化程度、增强农民整体竞争力的联合体，无疑被视为合作社或是合作社雏形。

三、集约化经营模式

集约农业是农业中的一种经营方式，是把一定数量的劳动力和生产资料，集中投入较少的土地上，采用集约经营方式进行生产的农业。同粗放农业相对应，在一定面积的土地上投入较多的生产资料和劳动，通过应用先进的农业技术措施来增加农业品产量的农业，称"集约农业"。

集约经营的目的，是从单位面积的土地上获得更多的农产品，不断提高土地生产率和劳动生产率。由粗放经营向集约经营转化，是农业生产发展的客观规律。这与土地面积的有限性以及土壤肥力可以不断提高的特点有密切关系。集约经营的水平，取决于社会生产力的水平，并受社会制度的制约和自然地理条件、人口状况的影响。主要西方国家的农业，都经历了一个由粗放经营到集约经营的发展过程，特别是 20 世纪 60 年代以后，他们在农业现代化中，都比较普遍地实行了资金、技术密集型的集约化。然而由于各国条件不同，在实行集约化的过程中则各有侧重。有的侧重于广泛地使用机械和电力，有的侧重于选用良种、大量施用化肥、农药，并实施新的农艺技术。前者以提高（活）劳动生产率为主，后者以提高单位面积产量为主。中国是一个人口众多的农业国。社会生产力较低，农业科学技术还不发达，长期以来，农业集约经营主要是劳动密集型的。随着国民经济的发展和科学技术的进步，中国农业的资金、技术集约经营也在发展。

集约农业具体表现为大力进行农田基本建设，发展灌溉，增施肥料，改造中低产田，采用农业新技术，推广优良品种，实行机械化作业等。集约农业的发展程度主要取决于社会生产力和科学技术的发展水平，也受自然条件、经济基础、劳动力数量和素质的影响。衡量集约农业发展水平的指标有两类：一是单项指标。如单位面积耕地或农用地平均占有的农具和机器的价值（或机器台数、机械马力数）、电费（或耗电量）、肥料费（或施肥量）、种子费（或种子量）、农药费（或施药量）及人工费（或劳动量）等。二是综合指标。如单位面积耕地或农用地平均占用生产资金额、生产成本费、生产资料费等。中国的长江三角洲、珠江三角洲和成都平原等地区均属集约农业。

中央农村工作会议提出以农业集约化经营为突破口，从解决农业生产方式这个农村最基本的问题入手，推进农村改革发展，充分体现了中央的改革创新要求，充分反映了"三农"工作的迫切需要。但仍然面临许多困难，要对其正确认识，全面分析。

（一）推进农村土地流转与集约化经营的必要性

1. 推进农村土地流转与集约化经营是农业持续发展的迫切需要

当前农村一家一户分散经营，没规模效益，农民大量外出务工，土地由年大体弱的中老年人耕作，经营粗放，甚至还出现了撂荒现象。如此再过五年或十年，老年人种不了地，年轻一代不愿种地，也不会种地，谁来种地？这是农业持续发展面临的最严峻的问题。有人说不用担心，车到山前必有路，许多地方就是不种地，外面的农副产品也能卖进来。这是一种对农业缺乏研究的不负责任的说法。第一，中国是农耕社会，纷繁复杂的农业技术是靠农民自我积累和传授的，一旦农业技术失传，农业生产将面临怎样的境地？第二，农业土地资源尤其是山区土地资源不同于其他资源，一旦弃它三五年不用，恢复成耕地就非常困难。第三，农民和市民对农用土地的价值观念不同，农民视土为宝，市民视土为脏。如果土地荒了指望城里人去开发土地搞农业是绝对不现实的。中央再三要求培养新型农民，其意义不仅是现代农业的要求，更是传承农耕文化、保证农业持续发展的需要。第四，中国农业土地资源有限，中国的饭碗不能端在外国人手上，我们这些山区即使不能为国家作贡献，起码也要基本自给。同时，搞好本地农业也是降低老百姓生活成本，提高生活质量的需要。因此，必须尽快通过土地流转培养出一大批热爱农业、会经营农业的新型农民、专业大户，这是农业持续发展的迫切需要。

2. 推进土地流转与集约化经营是实现农业产业化的基础性环节

农业产业化是市场经济条件下农业的生产基地、加工销售以及科技、中介服务等环节的市场主体结成的风险共担、利益共享的利益链条。由于农村土地制度、农业发展进程以及农民素质等诸方面原因，生产基地必须有市场主体，这是一个基础性环节。多年来，我们搞农业产业化之所以收效不大，其根本原因就在于这个环节的市场主体缺位，形成了农业产业化的瓶颈性制约。自给自足的小农经济无法与市场农业接轨，只有专门从事商品农业生产的市场农业主体、专业大户等才能加盟农业产业链条。农业的方向是市场化，就目前而言，市场化的基本途径是产业化。因此，要加速产业化进程，必须加速土地流转，实施集约化经营，形成众多的市场农业主体，奠定农业产业化基础。

3. 推进土地流转与集约化经营是现代农业的客观要求

现代农业是一项复杂的系统工程，包括现代物质条件装备、现代科技、现代经营形式、新型农民、机械化、信息化等多种因素。

在这诸多要素中，前提是集约化经营，主体是有知识技术、懂经营管理的新型农民。没有集约化经营，没有新型农民，现代物资装备、现代科技就无法使用，现代发展理念、现代经营形式就无法引入，土地产出率、资源利用率、劳动生产率、农业的效益和竞争力就是一句空话。

4. 推进土地流转与集约化经营是解决农村诸多问题的突破口

集约化经营是农业生产方式的根本性问题。这个问题解决了，其他问题都能迎刃而解。所谓牵一发动全局，起杠杆作用的支点，集约化就是农业的"一发""支点"。通过集约化经营，农业增效问题，农业的自我投入问题，农民增收问题，农民的观念问题，农村基层组织建设人才问题，以及农村党风廉政建设问题，包括村干部待遇问题等，都能得到较好解决。

（二）推进农村土地流转与集约化经营的艰巨性

1. 家庭联产承包的基本政策与集约化经营的矛盾——流转集约土地难

家庭联产承包经营制度，曾极大地调动了农民的生产积极性，短短几年就解决了十几亿中国人吃饭问题，创造了世界奇迹。随着改革开放和市场经济的深入发展，分散经营的弊端逐渐显现，"分久必合"，集约化经营成为必然趋势。但是，农村土地的基本制度仍然是家庭承包，农民的素质，山区农村土地分散、不平坦等，都为集约化经营增添了难度。

2. 农业风险大、周期长、成本高的特性与集约化经营的矛盾——寻找集约化经营的主体难

农业受自然和社会环境约束力大，无论是遇天灾还是市场不畅，打击都是毁灭性的。经营大宗农产品效益低，调结构搞高效农业一般要 3~5 年时间才能见效。农业风险大、周期长。加上土地、人力的较高支出费用，经营成本相对较高。

3. 山区经济发展水平低、农民小农经济意识浓与集约化经营

的矛盾——优化集约化经营环境难

一方面，经济发展水平不高，导致两个问题：一是农民转移就业岗位不足，对土地的依赖性较强，土地成本比发达地方高，经营成本高；二是富裕的人少，农村富人尤为少，搞集约化缺乏资本原始积累。另一方面，农民小农经济意识浓，目光短，顾自己，顾眼前，甚至"红眼病""望人穷"等落后观念也可能导致连片集中土地困难，经营管理环境不好，经营用工效率不高等问题。

（三）推进农村土地流转与集约化经营的可操作性

1. 推进土地流转与集约化经营有可靠依据

一是国家有政策。《中共中央关于推进改革发展若干重大问题的决定》对土地问题可以概括为 6 个字：稳定、流转、创新。稳定，就是稳定和完善农村基本经营制度。流转，就是按照依法自愿有偿原则，允许农民以转包、出租、互换、转让、股份合作等形式流转土地承包经营权，发展多种形式的适度规模经营。创新，就是要推进农业经营体制机制创新，加快农业经营方式转变。二是地方有要求。县上也明确指出："允许农民以多种方式流转土地承包经营权"，提出了以农业集约化经营和农民向农民新村和城镇集中为突破口推进农村改革发展，对集约化经营提出了具体指标。三是农民有共识。没有规模就没有效益，已逐步成为农民的共识，随着城市经济的发展、农民工的进一步转移就业和农村集约化经营的实践，必将有更多农民愿意出租土地支持集约化经营。

2. 推进土地流转与集约化经营要有正确的思路

第一，要深刻认识中央关于农村土地政策的正确性。稳定家庭承包为基础的政策，是国家稳定大局的需要，是以人为本、重视民生的具体体现，决不能动摇。第二，要坚持以引导为基本工作方式。强化引导责任，创新引导方法，完善引导举措。第三，要明确基本要求。前提是强化引导，原则是自愿有偿依法，目标是土地流转，关键是处理好引导与自愿的关系。

3. 推进土地流转与集约化经营要转变工作方式

推动土地流转与集约化经营讲的是两个方面的问题。前者是对农民的工作问题，后者是对实施集约经营的业主、专业大户的工作问题。做好这两个方面工作的关键是我们的工作方式必须由原来的已经习惯的行政命令、行政管理转变到引导服务上来，如果不转变或者转变不好，土地流转与集约化经营就搞不起来。

第一，干部的思想作风要转变。过去搞管理居高临下，群众求干部办事；现在搞引导服务必须放下身架，平等相待，甚至还要"求"农民，"求"专业大户。这不仅是工作方式转变问题，更重要的是思想作风要转变，要把过去计划经济形成的官僚主义习气消灭掉，还人民公仆的本来面目。从这个意义上讲，今后谁集约化经营搞得不好，不仅反映干部观念落后，思想保守，更反映干部思想作风上有问题。

第二，要坚持以培育专业大户为重点，实施集约化经营。要改变过去"开大会，搞发动"的做法，重点对本地能人个别做工作，让他们去搞集约化经营。在土地流转中，农民的工作主要由当地专业户自己去做，一般情况下，没有专业户的特别要求，镇乡干部不要插手。这就叫"大户带农户"。对外来的专业大户，做农民的工作主要由村社干部去做。现在有些村社干部也开始吃拿卡要了，一要加强教育；二要落实责任，严格考核，与待遇挂钩，集约化经营搞不好的村干部也要"下课"。

第三，注重用优势产业引导集约化经营。一方面围绕区里主导产业抓引导，因地制宜，把油菜、蔬菜、青稞、饲料、养羊、养牛等种植、养殖产业引进去。另一方面，引导农村能人广收信息发展有市场前景的特色产品。

第四，改变投入方式扶持集约化经营。产业化项目投入要重点向龙头企业和专业户倾斜；小微型农业基础设施建设项目要为集约化经营配套并尽可能让集约经营者直接实施。政府扶持农业生产的资金除上级有严格规定的外，一律扶持集约经营。

第五，综合运用政府资源推进集约经营。很多基层干部总以为乡镇没有钱，权力小，手段少，作为不大，这是计划经济的旧观念。其实，政府掌握着政治经济文化等各方面资源，关键在转变观念创新方式，用好这些资源。目前，要重点抓好以下工作：一是充分利用舆论资源，抓好宣传引导，大张旗鼓、深入浅出地宣传"集约""集中"的好处。二是充分利用政治资源，树立典型，宣扬典型，对"集约""集中"典型给足"面子"。三是充分利用经济资源，集中投向"集约""集中"，发挥示范引导作用。四是充分利用信息资源，建立土地流转、经济信息、劳务信息等平台。五是充分利用政府协调资源，带领专业户、能人走出去，把龙头企业、项目引进来；深入做好农民、专业户的思想工作，促进土地流转和集约化经营。

在推进农村土地流转与集约化经营上，还要注意3个问题：一是关于集约化经营的单个规模问题。无论是种植业还是养殖业，经营规模都要适度。适度的标准主要看经营者的资本情况，要帮助"老板"算账，打足成本和必要的流动资金，切不可贪大。同时，也要有一定规模，起码要保证业主、大户有利可图，比外出打工划算。二是关于土地出租价格问题。县里不可能出统一的价格，但各乡镇要有指导价，其价格可在认真算账并广泛征求农民意见的基础上提出。三是各乡镇和涉农街道一定要调整工作思路、工作重点和工作方式，突出抓好"集约""集中"及其相关工作，党政主要领导对"集约""集中"各把一摊儿、分工负责、确保抓出成效。

四、股份制经营模式

股份制是指全部注册资本由等额股份构成并通过发行股票（或股权证）筹集资本，公司是以其全部资产对公司债务承担有限责任的企业法人。其主要特征是：公司的资本总额平分为金额相等的股份；股东以其所认购股份对公司承担有限责任，公司以其全部资产对公司债务承担责任；每一股有一表决权，股东以其持有的股份，享受权利，承担义务。

股份制企业是指两个或两个以上的利益主体，以集股经营的方式自愿结合的一种企业组织形式。它是适应社会化大生产和市场经济发展需要、实现所有权与经营权相对分离、利于强化企业经营管理职能的一种企业组织形式。

股份制企业的主要特征如下。

（1）发行股票，作为股东入股的凭证，一方面借以取得股息，另一方面参与企业的经营管理。

（2）建立企业内部组织结构，股东代表大会是股份制企业的最高权力机构。董事会是最高权力机构的常设机构，总经理主持日常的生产经营活动。

（3）具有风险承担责任。股份制企业的所有权收益分散化，经营风险也随之由众多的股东共同分担。

（4）具有较强的动力机制，众多的股东都从利益上去关心企业资产的运行状况，从而使企业的重大决策趋于优化，使企业发展能够建立在利益机制的基础上。

股份有限公司从本质上讲只是一种特殊的有限责任公司而已。由于法律规定，有限责任公司的股东只能在50人以下，这就限制了公司筹集资金的能力。而股份有限公司则克服了这种弊端，将整个公司的注册资本分解为小面值的股票，可以吸引数目众多的投资者，特别是小型投资者。

由于股份有限公司的特点，使得它在组织管理上有很多不同于有限责任公司的地方。

（1）注册资本。同样指登记的实收资本，最低限额为人民币500万元。

（2）权力机构。股东大会，由全体股东组成。

股东的每一股份有一表决权。值得注意的一点是《中华人民共和国公司法》（以下简称《公司法》）规定，股东大会作出决议，必须经"出席会议"的股东所持表决权的半数或者1/2以上通过。在中国这种情况下，大量以投机为目的的股民根本不关心企业具体经营情况，更不要说自己出钱去参加股东大会，这样就为大股东操纵表决创造了条件。另一点区别是，股份有限公司的股东可以自由转让股份，不需要经过其他人同意。

（3）董事会和经理。这里和有限责任公司基本相同：董事长是公司的法人代表，经理负责公司的经营管理工作；同时，董事应当对董事会的决议承担责任。董事会的决议违反法律、行政法规或者公司章程，致使公司遭受严重损失的，参与决议的董事对公司负赔偿责任。

第二节 创业项目的选择

现代农业能够有效地提高农业综合生产能力，增强种养业的竞争力，促进农村经济发展，快速增加农民收入。通常，现代农业创业项目有许多种类可以选择，归纳起来，主要有以下几方面的项目。

一、规模种植项目

随着我国现代农业的快速发展，家庭联产承包经营与农村生产力发展水平不相适应的矛盾日益突出，农户超小规模经营与现代农业集约化生产之间的不相适应越来越明显。我国农户土地规模小，农民经营分散、组织化程度低、抵御自然和市场风险的能力较弱，很难设想，在以一家一户的小农经济的基础上，能建立起现代化的农业，并实现较高的劳动生产率和商品率。规模种植业便于集中有限的财力、人力、技术、设备，形成规模优势，提高综合竞争力。

因此，打破田埂的束缚，让一家一户的小块土地通过有效流转连成一片，实施机械化耕作，进行规模化生产，既是必要的，也是可能的。这也成为农业创业的重要选择项目。

适合规模种植业创业的条件：一是有从事规模种植业的大面积土地，土地条件要便于规模化生产和机械化耕作；二是有大宗农副产品的销售市场；三是当地农民有某种作物的传统种植经验。

二、规模养殖项目

国家在畜牧业发展方面重点支持建设生猪、奶牛规模养殖场（小区），开展标准化创建活动，推进畜禽养殖加工一体化。标准化规模养殖是今后一个时期的重点发展方向。也就是说，规模养殖业已经成为养殖业创业类型中的必然选择。近几年不断出现的畜禽产品质量安全问题，促使国家更加重视规模养殖业的发展。只有规模养殖业才能从饲料、生产、加工、销售等环节控制畜禽产品的质量，国家积极推进建立的各类畜禽产品质量安全追溯体系适合于规模养殖业。在这样的政策背景下，选择规模养殖业创业项目不失为一个明智的选择。规模养殖业是技术水平要求较高的行业，如果选择规模养殖业为创业项目，一定要注意认真学习养殖和防疫技术，万不可想当然、靠直觉，要多听专家的意见，或者聘请懂技术的专业人员。

适合规模养殖业创业的条件：一是当地的气候、水文等自然条件要适宜，周围不能有工业或农业污染，交通要便利，地势较高；二是发展规模养殖所用土地要能够正常流转；三是畜禽产生的粪污要有科学合理的处理渠道；四是繁育孵化、喂饲、饮水、清粪、防疫、环境控制等设施设备要齐备。

三、设施农业项目

设施农业是指在不适宜生物生长发育的环境条件下，通过建立结构设施，在充分利用自然环境条件的基础上，人为地创造生物生长发育的生境条件，实现高产、优质、高效的现代化农业生产方式。随着社会经济和科学技术的发展，传统农业产业正经历着翻天覆地的变化，由简易塑料大棚和温室发展到具有人工环境控制设施的自动化、机械化程度极高的现代化大型温室和植物工厂。当前，设施农业已经成为现代农业的主要产业形态，是现代农业的重要标志。设施农业主要包括设施栽培和设施养殖。

1. 设施栽培项目

目前主要是蔬菜、花卉、瓜果类的设施栽培，设施栽培技术不断提高发展，新品种、新技术及农业技术人才的投入提高了设施栽培的科技含量。现已研制开发出高保温、高透光、流滴、防雾、转光等功能性棚膜及多功能复合膜和温室专用薄膜，便于机械化卷帘的轻质保温被逐渐取代了沉重的草帘，也已培育出一批适于设施栽培的耐高温、弱光、抗逆性强的设施专用品种，提高了劳动生产率，使栽培作物的产量和质量得以提高。下面是主要设施栽培装备类型及其应用简介。

（1）小拱棚。小拱棚主要有拱圆形、半拱圆形和双斜面形 3种类型。主要应用于春提早、秋延后或越冬栽培耐寒蔬菜，如芹菜、青蒜、小白菜、油菜、香菜、菠菜、甘蓝等。春提早栽培的果菜类蔬菜，主要有黄瓜、番茄、青椒、茄子、西葫芦等；春提早栽培瓜果的主要栽培作物为西瓜、草莓、甜瓜等。

（2）中拱棚。中拱棚的面积和空间比小拱棚稍大，人可在棚内直立操作，是小棚和大棚的中间类型。常用的中拱棚主要为拱圆形结构，一般用竹木或钢筋作骨架，棚中设立柱。主要应用于春早熟或秋延后生产的绿叶菜类、果菜类蔬菜及草莓和瓜果等，也可用于菜种和花卉栽培。

（3）塑料大棚。塑料大棚是用塑料薄膜覆盖的一种大型拱棚。它和温室相比，具有结构简单、建造和拆装方便、一次性投资少等优点；与中小棚比，又具有坚固耐用，使用寿命长，棚体高大，空间大，必要时可安装加温、灌水等装置，便于环境调控等优点。主要应用于果菜类蔬菜、各种花草及草莓、葡萄、樱桃等作物的育苗；春茬早熟栽培，一般果菜类蔬菜可比露地提早上市 20～30 天，主要作物有黄瓜、番茄、青椒、茄子、菜豆等；秋季延后栽培，一般果菜类蔬菜采收期可比露地延后上市 20～30 天，主要作物有黄瓜、番茄、菜豆等；也可进行各种花草、盆花和切花栽培，草莓、葡萄、樱桃、柑橘、桃等果树栽培。

（4）现代化大型温室。现代化大型温室具备结构合理、设备完善、性能良好、控制手段先进等特点，可实现作物生产的机械化、科学化、标准化、自动化，是一种比较完善和科学的温室。这类温室可创造作物生育的最适环境条件，能使作物高产优质。主要应用于园艺作物生产上，特别是价值高的作物生产上，如蔬菜、鲜切花、盆栽观赏植物、园林设计用的观赏树木和草坪植物以及育苗等。

2. 设施养殖项目

目前主要是畜禽、水产品和特种动物的设施养殖。近年来，设施养殖正在逐渐兴起。下面是设施养殖装备类型及其应用简介。

（1）设施养猪装备。常用的主要设备有猪栏、喂饲设备、饮水设备、粪便清理设备及环境控制设备等。这些设备的合理性、配套性对猪场的生产管理和经济效益有很大的影响。由于各地实际情况和环境气候等不同，对设备的规格、型号、选材等要求也有所不同，在使用过程中须根据实际情况进行确定。

（2）设施养牛装备。主要有各类牛舍、遮阳棚舍、环境控制、饲养过程的机械化设备等，这些技术装备可以配套使用，也可单项使用。

（3）设施养禽装备。现代养禽设备是用现代劳动手段和现代科学技术来装备的，在养禽特别是养鸡的各个生产环节中使用，各种设施实现自动化或机械化，可不断地提高禽蛋、禽肉的产品率和商品率，达到养禽稳定、高产优质、低成本，以满足社会对禽蛋、禽肉日益增长的需要。主要有以下几种装备：孵化设备、育雏设备、喂料设备、饮水设备、笼养设施、清粪设备、通风设备、湿热降温系统、热风炉供暖系统等。

（4）设施水产养殖装备。设施水产养殖主要分为两大类：一是网箱养殖，包括河道网箱养殖、水库网箱养殖、湖泊网箱养殖、池塘网箱养殖；二是工厂化养鱼，包括机械式流水养鱼、开放式自然净化循环水养鱼、组装式封闭循环水养鱼、温泉地热水流水养鱼、工厂废热水流水养鱼等。

目前，设施农业的发展以超时令、反季节生产的设施栽培生产为主，它具有高附加值、高效益、高科技含量的特点，发展十分迅速。随着社会的进步和科学的发展，我国设施农业的发展将向着地域化、节能化、专业化发展，由传统的作坊式生产向高科技、自动化、机械化、规模化、产业化的工厂型农业发展，为社会提供更加丰富的无污染、安全、优质的绿色健康食品。

四、休闲观光农业项目

休闲观光农业是一种以农业和农村为载体的新型生态旅游业，是把农业与旅游业结合在一起，利用农业景观和农村空间吸引游客前来观赏、游览、品尝、休闲、体验、购物的一种新型农业经营形态。休闲观光农业主要有观光农园、农业公园、教育农园、森林公园、民俗观光村 5 种形式。

现代农业不仅具有生产性功能，还具有改善生态环境质量，为人们提供观光、休闲、度假的生活性功能。也就是说，农业生产不仅要满足"胃"，还要满足"心"，满足"肺"。随着人们收入的增加以及闲暇时间的增多，人们渴望多样化的旅游，尤其希望能在广阔的农村环境中放松自己。休闲观光农业的发展，不仅可以丰富城乡人民的精神生活，优化投资环境，而且能实现农业生态、经济和社会效益的有机统一。

休闲观光农业创业要具备以下条件：一是当地要有值得拓展的旅游空间，休闲观光创业项目要有自己的特点，不能完全雷同；二是农业旅游项目要能够满足人们回归大自然的愿望，软硬件设施要满足游客的需要；三是周围要有休闲观光消费的群体，消费群体要有一定的消费能力；四是休闲观光项目要能够增加农业生产的附加值，要能配套开发出相应的旅游产品。

五、农产品加工项目

农产品加工业有传统农产品加工业和现代农产品加工业两种形式。传统农产品加工业是指对农产品进行一次性的不涉及对农产品内在成分改变的加工，也是通常所说的农产品初加工。现代农产品加工业是指用物理、化学等方法对农产品进行处理，改变其形态和性能，使之更加适合消费需要的工业生产活动。依托现代农产品加工业实现创业成功的例子不胜枚举，是否也可以依靠当地农产品资源进行现代农产品加工创业呢？创业之初，完全可以把规模放小一点，充分考虑市场风险，随着技术和市场的不断成熟再不断改进加工工艺并扩大规模，最终实现创业成功。

农产品加工业创业应有的条件：一是产品要有丰富的市场需求；二是加工原料要有充足的来源；三是要有能赢得良好口碑的产品。

六、农业社会化服务项目

农业社会化服务业是指以现代科技为基础，利用设备、工具、场所、信息或技能为农业生产提供服务的经营活动。农业社会化服务业作为现代农业的重要组成部分，在拓展农业外部功能、提升农业产业地位、拓宽农民增收渠道等方面都发挥着积极作用。如果要选择农业社会化服务业为创业项目，必须认真思考自己周围是否具有服务对象。假如周围有很多人从事规模养殖业，就可以考虑从事相关的养殖设备、兽药或饲料的销售服务。如果周围有很多人从事设施园艺业，就可以考虑从事园艺设备如农膜、穴盘和化肥、农药等的销售服务。总之，农业社会化服务业创业项目成功的关键在于根据服务对象选择合适的服务项目。

第七章　筹措创业资金

第一节　创业资金的估算

准备启动资金是创业的关键环节。启动资金究竟需要多少，在创业项目实施前，要对其进行一次估算。只有经过认真地估算，才能做到心中有数，保证创业活动的顺利开展。对职业农民创业者来说，创业资金的估算主要包括资产费用、周转资金和风险资金3个方面的估算。

一、资产费用的估算

农民创业者应根据创业项目的产品或服务对象、建设规模、工艺水平、技术要求、营销策略、主要销售方式和营销渠道等，对项目投入可能需要的资产费用进行估算。资产费用估算，一般包括拆迁征地补偿、土建工程、设备购置、安装费用及其他配套工程或附属工程费用，生产前的技术、管理人员培训，各种资本支出和流动资产投入，项目在运营期内的各种运营费用、维护费用的预测等。

估算时如果低估了资金需求，在开始有收益前，可能就已经用光了运营资金；如果高估了资金需求，又可能无法筹集到足够的资金而影响项目的启动，即使筹集资金到位，也会增加利息支出，提高了创业的生产经营成本。因此，创业者在估算创业资金时，一定要控制在合理的范围内，不能只为利益所诱惑，而不计成本地投入。只有这样，农民创业才能由小到大、由弱变强，健康成长。

二、周转资金的估算

周转资金也称为流动资金，是创业项目在运转过程中所需要支付的资金。创业项目一般要在运转一段时间后才能有收入，所以运行一个项目，要准备能支付三四个月的经营周转资金，包括人员工资、差旅费、办公费、材料费、广告费、维修费、水电气费、清洁环保费、税费以及分期偿还的借款等。如果是创办农产品加工厂，除了以上的一些费用外，还要对占压在半成品、产成品、原材料等上面的资金进行估算。还要预留一定的突发事件处理金，以解决企业在生产经营中发生的不可预见问题。

三、风险资金的估算

在激烈的市场竞争中，创业者某一方面或某个环节在运行中出现问题都有可能使风险转变为损失，导致企业陷入困境甚至破产。企业财务风险主要来源于筹资风险、投资风险、现金流量风险、外汇风险等。主要影响因素是：资金利润率不高、债权不安全两个方面。农业创业项目还有可能面临自然资源风险、自然灾害风险、技术风险、市场风险等带来的风险损失。因此，在估算创业资金时，要对创业资金的使用做好统筹安排，充分考虑将要遇到的困难，预留风险资金，做到有备无患，有的放矢。

第二节　创业资金的筹措

职业农民创业者创业，除了做好一些基本工作之外，重要的是创业资金的筹措。拥有的资金越多，可选择的余地就越大，成功的机会就越多。而没有资金，一切就无从谈起。筹措资金的方法多种多样，比较常见的有以下几种。

一、自有资金

创业者在创业初期，更多的是依赖于自有资金，而且，只要拥有一定的自有资金，才有可能从外部引入资金，尤其是银行贷款。

外部资金的供给者普遍认为，如果创业者自己不投入资金，完全靠贷款等方式从外部获得资金，那么创业者就不可能对企业的经营尽心尽力。一位资深的银行贷款项目负责人毫不掩饰地说："我们要企业拥有足够的资金，只有这样，在企业陷入困境的时候，经营者才会想方设法去解决问题，而不是将烂摊子扔给银行一走了之。"至于自有资金的数量，外部资金供给者主要是看创业者投入的资金占其全部可用资金的比例，而不是资金的绝对数量。很显然，一位创业者如果把自己绝大部分的可用资金投入到即将创办的企业，就标志着创业者对自己的企业充满信心，并意味着创业者将为企业的成功付出全部的努力。这样的企业才有成功、发展的可能，外部资金供给者的资金风险就会降至最低。

另外，创业者自己投入资金的水平还取决于自己和外部资金供给者谈判时所处的谈判地位。如果创业者在某项技术或某种产品方面具有大家认同的巨大市场价值，创业者就有权自行决定自有资金投入的水平。

二、亲戚和朋友的投入

在创业初期，如果技术不成熟，销售不稳定，生产经营存在很多的变数，企业没有利润或者利润甚微，而且由于需要的资金量较少，则对银行和其他金融机构来说缺乏规模效益，此时，外界投资者很少愿意涉足这一阶段的融资。因此，在这一阶段，除了创业者本人，亲戚或朋友的投入就是最主要的资金来源。

但是，从亲戚和朋友那里筹集资金也存在不少的缺点，至少包括以下几个方面。

（1）他们可能不愿意或是没有能力借钱给创业者，往往碍于情面而不得不借。

（2）在他们需要用钱的时候，他们可能因创业者的企业出现资金紧张而不好意思开口要求归还，或者创业者实在拿不出钱来归还。

（3）创业者的借款有可能危害家庭内的亲情以及朋友之间的友情，一旦出现问题，可能连亲戚朋友都做不成。

（4）如果亲戚或朋友要求取得股东地位，就会分散创业者的控制权，若再提出相应的权益甚至特权要求，有可能对雇员、设施或利润产生负面的影响。例如，有才能的雇员可能觉得企业里到处都是裙带关系，使同事关系、工作关系的处理异常复杂，即使自己的能力再强，也很难有用武之地，逐渐萌生去意；亲戚或朋友往往利用某种特殊的关系随意免费使用企业的车辆，公车变成了私车。

一般来说，亲戚朋友不会是制造麻烦的投资者。事实上，创业者往往找一些志同道合，并且在企业经营上有互补性的朋友通过入股并直接参与经营管理，从而为企业建立一支高素质的经营管理团队，以保证企业的发展潜力。

为了尽可能减少亲戚朋友关系在融资过程中出现问题，或者即使出现问题也能减少对亲戚朋友关系的负面影响，有必要签订一份融资协议。所有融资的细节（包括融资的数量、期限和利率，资金运用的限制，投资人的权利和义务，财产的清算等），最终都必须达成协议。这样既有利于避免将来出现矛盾，也有利于解决可能出现的纠纷。完善各项规章制度，严格管理，必须以公事公办的态度将亲戚朋友与不熟悉的投资者的资金同等对待。任何贷款必须明确利率、期限以及本息的偿还计划。利息和红利必须按期发放，应该言而有信。

亲戚和朋友对创业者可能提供直接的资金支持，也可能出面提供融资担保以便帮助创业者获得所需要的资金，这对创业者来说同等重要。

三、银行贷款

银行很少向初创企业提供资金支持，因为风险太大。但是，在创业者能提供担保的情况下，商业银行是初创企业获得短期资金的最常见的融资渠道。如果企业的生产经营步入正轨，进入成长阶段的时候，银行也愿意为企业提供资金。所以有人认为，银行应视为一种企业成长融资的来源。

1. 银行贷款类型

商业银行提供的贷款种类可以根据不同的标准划分。我国目前的主要划分方式有以下几种。

（1）按照贷款的期限划分为短期贷款、中期贷款和长期贷款。在用途上，短期贷款主要用于补充企业流动资金的不足；中、长期贷款主要用于固定资产和技术改造、科技开发的投入。在期限上，短期贷款在1年以内；中期贷款在1年以上5年以下；长期贷款在5年以上。短期贷款利率相对较低，但是不能长期使用，短期内就需要归还；中、长期贷款利率相对较高，但短期内不需要考虑归还的问题。企业应该根据自己的需要，合理确定贷款的期限。但有一点必须遵守的是：不能将短期贷款用于中、长期投资项目，否则企业将可能面临无法归还到期贷款的尴尬局面，有损企业的信誉。在创业初期，企业从银行获得的贷款主要是短期贷款或中期贷款。

（2）按照贷款保全方式划分为信用贷款和担保贷款。信用贷款是指根据借款人的信誉发放的贷款。担保贷款又可以根据提供的担保方式不同分为保证贷款、抵押贷款和质押贷款。保证贷款是指以第三人承诺在借款人不能归还贷款时按约定承担一般责任或连带责任为前提而发放的贷款。抵押贷款是指以借款人或第三人的财产作为抵押物而发放的贷款。质押贷款是指以借款人或第三人的动产或权利作为质物而发放的贷款。在创业初期，企业从银行获得贷款绝大部分都要求提供银行认可的担保。

2. 农村银行金融机构

农村银行业金融机构，主要包括农业银行及其分支机构、农业发展银行及其分支机构、各商业银行在县域内的分支网点、邮政储蓄银行、农村合作银行、农村信用社、村镇银行等金融机构。

（1）农村信用社。农村信用合作社是银行类金融机构。所谓银行类金融机构又叫做存款机构和存款货币银行，其共同特征是以吸收存款为主要负债，以发放贷款为主要资产，以办理转账结算为主要中间业务，直接参与存款货币的创造过程。

农村信用合作社又是信用合作机构。信用合作机构是由个人集资联合组成的、以互助为主要宗旨的合作金融机构，简称"信用社"，以互助、自助为目的，在社员中开展存款、放款业务。信用社的建立与自然经济、小商品经济发展直接相关。由于农业生产者和小商品生产者对资金的需要存在季节性、零散、小数额、小规模等特点，使得小生产者和农民很难得到银行贷款的支持，但客观上生产和流通的发展又必须解决资本不足的困难，于是就出现了这种以缴纳股金和存款方式建立的互助、自助的信用组织。

农村信用合作社是由农民入股组成，实行入股社员民主管理，主要为入股社员服务的合作金融组织，是经中国人民银行依法批准设立的合法金融机构。农村信用社是中国金融体系的重要组成部分，其主要任务是筹集农村闲散资金，为农业、农民和农村经济发展提供金融服务。同时，组织和调节农村基金，支持农业生产和农村综合发展，支持各种形式的合作经济和社员家庭经济，限制和打击高利贷。

（2）农村商业银行。农村商业银行是由辖内农民、农村工商户、企业法人和其他经济组织共同入股组成的股份制的地方性金融机构。在经济比较发达、城乡一体化程度较高的地区，"三农"的概念已经发生很大的变化，农业比重很低，有些甚至占5%以下，作为信用社服务对象的农民，虽然身份没有变化，但大都不再从事以传统种养耕作为主的农业生产和劳动，对支农服务的要求较少，信用社实际也已经实行商业化经营。对这些地区的信用社，可以实行股份制改造，组建农村商业银行。

（3）农村合作银行。农村合作银行是由辖内农民、农村工商户、企业法人和其他经济组织入股，在合作制的基础上，吸收股份制运作机制组成的合作制的社区性地方金融机构。与农村商业银行不同，农村合作银行是在遵循合作制原则基础上，吸收股份制的原则和做法而构建的一种新的银行组织形式，是实行合作制的社区性地方金融机构。

（4）中国农业银行。中国农业银行是国际化公众持股的大型上市银行，是中国四大银行之一。最初成立于1951年，是新中国成立的第一家国有商业银行，也是中国金融体系的重要组成部分，总行设在北京。数年来，中国农行一直位居世界五百强企业之列，在"全球银行1 000强"中排名前7位，穆迪信用评级为A1。2009年，中国农行由国有独资商业银行整体改制为现代化股份制商业银行，并在2010年完成"A+H"两地上市，总市值位列全球上市银行第5位。

中国农业银行的前身最早可追溯至1951年成立的农业合作银行。20世纪末以来，中国农业银行相继经历了国家专业银行、国有独资商业银行和国有控股商业银行等不同发展阶段。1994年分设中国农业发展银行，1996年农村信用社与中国农业银行脱离行政隶属关系，中国农业银行开始向国有独资商业银行转变。2009年1月15日，中国农业银行整体改制为股份有限公司，完成了从国有独资银行向现代化股份制商业银行的历史性跨越；2010年7月，中国农业银行股份有限公司在上海、香港两地面向全球挂牌上市，成功创造了截至2010年全球资本市场最大规模的IPO，募集资金达221亿美金。这标志着农业银行改革发展进入了崭新时期，也标志着国有大型商业银行改革上市战役的完美收官。

中国农业银行致力于建设面向"三农"、城乡联动、融入同际、服务多元的一流商业银行。中国农业银行凭借全面的业务组合、庞大的分销网络和领先的技术平台，向广大客户提供各种公司银行、零售银行产品和服务，同时开展自营及代客资金业务，业务范围还涵盖投资银行、基金管理、金融租赁、人寿保险等领域。

（5）中国农业发展银行。中国农业发展银行是直属国务院领导的我国唯一的一家农业政策性银行，成立于1994年11月，其职能定位为：以国家信用为基础，筹集农业政策性信贷资金，承担国家规定的农业政策性金融业务，代理财政性支农资金的拨付，为农业和农村经济发展服务。中国农业发展银行实行独立核算，自主、保本经营，企业化管理。

中国农业发展银行的主要任务是：按照国家的法律、法规和方针、政策，以国家信用为基础，筹集农业政策性信贷资金，承担国家规定的农业政策性和经批准开办的涉农商业性金融业务，代理财政性支农资金的拨付，为农业和农村经济发展服务。中国农业发展银行在业务上接受中国人民银行和中国银行业监督管理委员会的指导和监督。中国农业发展银行的业务范围，由国家根据国民经济发展和宏观调控的需要并考虑中国农业发展银行的承办能力来界定。中国农业发展银行成立以来，国务院对其业务范围进行过多次调整。

（6）中国邮政储蓄银行。中国邮政储蓄银行于2007年3月20日正式挂牌成立，是在改革邮政储蓄管理体制的基础上组建的商业银行。中国邮政储蓄银行承继原国家邮政局、中国邮政集团公司经营的邮政金融业务及因此而形成的资产和负债，并将继续从事原经营范围和业务许可文件批准、核准的业务。2012年2月27日，中国邮政储蓄银行发布公告称，经国务院同意，中国邮政储蓄银行有限责任公司于2012年1月21日依法整体变更为中国邮政储蓄银行股份有限公司。

3. 贷款的条件

贷款人申请贷款时应该提供以下几个基本问题的答案：贷款数量、贷款理由、贷款时间的长短、如何偿还贷款等。

贷款的数量首先应该根据自己的实际需要来确定，太少会影响企业的经营运作，太多又会造成不必要的浪费，还要承担高额的利息负担；其次应该根据自有资金的多少来决定。如果某一笔贷款超过企业资产的 50%，这个企业实质上将更多地属于银行而不属于贷款人。银行一般希望贷款人投入更多的自有资金。第一，投入更多的自有资金使所有者对企业更加负责，更有责任感，因为企业失败的话，损失最大的是所有者。第二，如果企业没有足够的资金，也没有其他投资者愿意投入资金，这只能说明所有者和其他潜在投资者都缺乏信心，要么企业没有价值，要么经营者缺乏经营技巧，而这些对一家企业的成功是非常重要的。第三，银行想在企业一旦破产的情况下保护自己的利益。当企业破产倒闭时，债权人可以通过法院的清算来索取属于自己的权益，也就是分配企业的破产财产。若所有者投入的资金越多，债权人的权益就越能得到保障。

贷款的理由主要是指贷款获得的资金准备用来做什么。明确贷款用途，有利于银行尽快地审批。如果用于购买固定资产等资本性支出，即使企业破产还能回收或出售该资产，银行较愿意提供贷款；如果用于支付水电费、人员工资、租金等收益性支出，银行可能不太情愿。同时，银行会要求企业按照贷款合同规定的用途使用资金。企业一旦违背合同，银行会要求提前终止合同。

贷款时间的长短与贷款的理由有密切联系。如果贷款资金准备用于购买固定资产等长期资产，贷款的期限往往较长，属于中、长期贷款，但是贷款期限很少会超过这类资产的预期使用寿命。如果贷款资金用于购买原材料、支付应付账款等，贷款期限往往只有几个月，也就是补充流动资金的不足。银行很少会发放超过 5 年的贷款，除非用于购置房屋等建筑物。所以贷款人不得不向银行证明企业有能力在 5 年内偿还贷款。

如何偿还贷款就是指企业准备采用什么方式来偿还。具体来说，就是采用分期还本付息、先分期付息后一次性还本，还是到期一次性还本付息。

从银行获得贷款后必须记住下面几点：一是应该为企业的资产购买保险，这样，即使出现火灾等意外损失也能从保险公司得到补偿。二是必须严格按照借款合同的规定使用贷款资金；银行会要求企业定期提供反映企业财务情况的可靠的财务报表，银行也可能要求企业在处置重要资产前先经过银行的同意。三是应该保持足够的流动资金（如现金、存货、应收账款等），确保良好的清偿能力，避免因无力清偿而损害企业的声誉。

4. 担保贷款

初创企业向银行申请贷款，几乎无一例外都被要求提供适当担保。如果企业是一家独资企业或合伙企业，银行还会要求各出资人提供自己的财产情况。如果到期企业不能偿还所借款项及利息，银行除了要求对企业采取法律行动以外，还要求出资人偿还该笔贷款及利息。如果企业设立为有限责任公司或股份有限公司，银行也可能要求主要股东提供个人的财产情况，甚至要求主要股东以个人名义签署贷款，而不是直接借给公司。这样的做法和独资企业或合伙企业类似，将会形成个人的负债，最终由个人承担无限责任。这就需要股东个人以其所拥有的全部财产为企业的融资提供担保。

按照《中华人民共和国担保法》的有关规定，向银行申请贷款提供的担保方式主要有以下几种。

（1）保证。保证是由第三人（保证人）为借款人的贷款履行作担保，由保证人和债权人（银行）约定，当借款人不能归还到期贷款本金和利息时，保证人按照约定归还本息或承担责任。具体的保证方式有两种：一种是一般保证，另一种是连带责任保证。保证人和债权人（银行）在保证合同中约定，借款人不能归还到期贷款本金和利息时，由保证人承担保证责任的，为一般保证。一般保证的保证人在借款合同纠纷未经审判或者仲裁，并在借款人财产依法强制执行仍不能偿还本息前，对债权人（银行）可以拒绝承担保证责任。保证人和债权人（银行）在保证合同中约定保证人与借款人对贷款本息承担连带责任的，为连带责任保证。连带责任保证的借款人在借款合同规定的归还本息的期限届满没有归还的，债权人（银行）可以要求借款人履行，也可以要求保证人在其保证范围内承担保证责任。

在保证合同中对保证方式没有约定或约定不明确的，按照连带责任保证承担保证责任。保证人可以是符合法律规定的个人、法人或其他组织。不过，银行对个人提供担保的，往往要求由公务员或事业单位工作人员等有固定收入的人来担保，并且不管是谁提供担保，银行都会先进行担保人的资质审查，符合银行要求的才能成为保证人。一般情况下，银行都要求采取连带责任保证方式进行担保，以避免烦琐的程序。

（2）抵押。抵押是指借款人或者第三人不转移对其确定的财产的占有，将其财产作为贷款的担保。当借款人不能按期归还借款本息时，债权人（银行）有权依照法律的规定，以该财产折价或者以拍卖、变卖该财产的价款优先受偿。借款人或第三人只能以法律规定的可以抵押的财产提供担保；法律规定不可以抵押的财产，借款人或第三人不得用于提供担保。银行一般要求借款人或者第三人提供房屋等不动产作为贷款的担保，这一类抵押合同需要去房地产管理部门办理登记手续，否则抵押合同无效。

（3）质押。质押包括权利质押和动产质押。权利质押是指借款人或者第三人以汇票、本票、债券、存款单、仓单、提单，依法可以转让的股份、股票，依法可以转让的商标专用权、专利权、著作权中的财产权，依法可以质押的其他权利作为质权标的担保。动产质押是指借款人或者第三人将其动产移交债权人（银行）占有，将该动产作为贷款的担保。同样，依据法律规定，借款人不能归还到期借款本息时，银行有权以该权利或动产拍卖、变卖的价款优先受偿。在实际操作中，银行一般要求以股份、债券、定期存款单等作为担保，而且若用于质押的股票价格大跌，银行随时可要求借款人提供额外担保。

四、非银行金融机构

非银行金融机构主要有融资租赁公司、小额贷款公司、农村资金互助社和大银行设立的全资贷款公司等金融机构。对于处于起步期、成长期的中小企业而言，随着我国金融体制改革的不断深入，非银行金融机构将能够为其提供范围更广的融资方式。

1. 融资租赁公司

融资租赁作为近年来快速发展的金融服务模式，在满足目前"三农"领域的融资需求上具有极大的优势和发展空间。与传统贷款业务相比，融资租赁与特定租赁物结合，更看重承租人的未来收益和可持续性，具有门槛低、程序便捷、产品量身定做等特点，缓解了"三农"发展融资难的问题。

融资租赁是由承租人向出租人融通资金引进设备再租给用户使用的方式。融资租赁租金的构成有设备价款、融资成本、租赁手续费等。融资租赁的优点是筹资速度快、限制条款少、设备淘汰风险小、到期还本负担轻等；缺点是资金成本过高。

2. 小额贷款公司

小额贷款公司是由自然人、企业法人与其社会组织投资设立。不吸收公众存款，经营小额贷款业务的有限责任公司或股份有限公司。与银行相比，小额贷款公司更为便捷、迅速，适合中小企业、个体工商户的资金需求；与民间借贷相比，小额贷款更加规范，贷款利息可双方协商。

小额贷款公司是企业法人，有独立的法人财产，享有法人财产权，以全部财产对其债务承担民事责任。小额贷款公司股东依法享有资产收益、参与重大决策和选择管理者等权利，以其认缴的出资额或认购的股份为限对公司承担责任。

小额贷款公司应遵守国家法律、行政法规，执行国家金融方针和政策，执行金融企业财务准则和会计制度，依法接受各级政府及相关部门的监督管理。

小额贷款公司应执行国家金融方针和政策，在法律、法规规定的范围内开展业务，自主经营，自负盈亏，自我约束，自担风险，其合法的经营活动受法律保护，不受任何单位和个人的干涉。

申请小额贷款步骤如下。

（1）申请受理。借款人将小额贷款申请提交给小额贷款公司之后，由经办人员向借款人介绍小额贷款的申请条件、期限等，同时对借款人的条件、资格及申请材料进行初审。

（2）再审核。经办人员根据有关规定，采取合理的手段对客户提交材料的真实性进行审核，评价申请人的还款能力和还款意愿。

（3）审批。由有权审批人根据客户的信用等级、经济情况、信用情况和保证情况，最终审批确定客户的综合授信额度和额度有效期。

（4）发放。在落实了放款条件之后，客户根据用款需求，随时向小额贷款公司申请支用额度。

（5）贷后管理。小额贷款公司按照贷款管理的有关规定对借款人的收入状况、贷款的使用情况等进行监督检查，检查结果要有书面记录，并归档保存。

（6）贷款回收。根据借款合同约定的还款计划、还款日期，借款人在还款到期日时，及时足额偿还本息，到此小额贷款流程结束。

3. 农村资金互助社

农村资金互助社是指经银行业监督管理机构批准，由乡镇、行政村农居和农村小企业自愿入股组成，为社员提供存款、贷款结算等业务的社区互助性银行业金融业务。

农村资金互助社实行社员民主管理，以服务社员为宗旨，谋求社员共同利益。

农村资金互助社是独立的法人，对社员股金、积累及合法取得的其他资产所形成的法人财产，享有占有、使用、收益和处分的权利，并以上述财产对债务承担责任。

农村资金互助社的合法权益和依法开展经营活动受法律保护，任何单位和个人不得侵犯。农村资金互助社社员以其社员股金和在本社的社员积累为限对该社承担责任。

农村资金互助社从事经营活动，应遵守有关法律法规和国家金融方针政策，诚实守信，审慎经营，依法接受银行业监督管理机构的监管。

4. 全资贷款公司

贷款公司是指经中国银行业监督管理委员会依据有关法律、法规批准，由境内商业银行或农村合作银行在农村地区设立的、专门为县域农民、农业和农村经济发展提供贷款服务的非银行业金融机构。贷款公司是由境内商业银行或农村合作银行全额出资的有限责任公司。

企业贷款可分为：流动资金贷款、固定资产贷款、信用贷款、担保贷款、股票质押贷款、外汇质押贷款、单位定期存单质押贷款、黄金质押贷款、银团贷款、银行承兑汇票、银行承兑汇票贴现、商业承兑汇票贴现、买方或协议付息票据贴现、有追索权国内保理、出口退税账户托管贷款。

贷款公司必须坚持为农民、农业和农村经济发展服务的经营宗旨，贷款的投向主要用于支持农民、农业和农村经济发展。

（1）在资金来源方面，贷款公司不得吸收公众存款，其营运资金仅为实收资本和向投资人的借款。

（2）在资金运用方面，仅限于办理贷款业务、票据贴现、资产转让业务以及因办理贷款业务而派生的结算事项。

在贷款的发放原则方面，要求贷款公司应当坚持小额、分散的原则，提高贷款覆盖面，防止贷款过度集中。

（3）在审慎经营的要求方面，明确规定，贷款公司对同一借款人的贷款余额不得超过资本净额的10%，对单一集团企业客户的授信余额不得超过资本净额的15%。

五、用好现有政策

政府为了支持农业的发展，提高农民的经济收入和生活水平，推动农村的可持续发展而对农业、农民和农村给予了一些政策倾斜和优惠，选择国家政策鼓励和支持的农业创业项目，并得到政府在有关专项上的支持和扶持，是职业农民创业项目资金筹措的一个重要渠道。

1. 农业补贴政策

一直以来，国家都非常重视农村农业的发展，并出台了许多农业补贴政策。职业农民创业者可以充分利用好农业补贴政策，解决创业之初的资金问题。

2016年起，在全国全面推开农业"三项补贴"改革，即将农作物良种补贴、种粮农民直接补贴和农资综合补贴"三项补贴"合并为农业支持保护补贴，政策目标调整为支持耕地地力保护和粮食适度规模经营，为种粮大户等农业规模化种植经营群体提供补贴，通过这些群体带动农业发展，带动农民增收。耕地地力保护补贴对象原则上为拥有耕地承包权的种地农民。补贴资金通过"一卡（折）通"方式直接兑现到户。具体补贴依据、补贴条件、补贴标准由各省、自治区、直辖市及计划单列市人民政府按照《财

政部 农业部关于全面推开农业"三项补贴"改革工作的通知》（财农〔2016〕26 号）要求、结合本地实际具体确定。鼓励各地创新方式方法，以绿色生态为导向，提供农作物秸秆综合利用水平，引导农民综合采取秸秆还田、深松整地、减少化肥农药用量、使用有机肥等措施，切实加强农业生态资源保护，自觉提升耕地地力。

目前粮食适度规模经营补贴政策已经开展，但由于各地补贴标准不一致，所以各地领取补贴的数额也不一样，甚至一些省份将这些资金用来给予新型农业主体贷款贴息，或者给予相关的农机购置补贴，就没有直接发放现金，但依然有一些省份是通过现金发放。

2. 农业专项资金

农业专项资金是指由地方本级财政预算内外安排，上级财政和主管部门拨入，国内外银行贷款、国际金融机构援贷项目投入，以及农业有关职能部门专门用于发展农业生产、繁荣农村经济、提高农民收入的各项资金，主要包括农业发展基金、林业资金、农业开发资金、农业科技推广资金、支农周转金、扶贫资金、水利建设资金和援贷项目资金等。

近年来，我国中央和地方政府开列的农业专项资金众多，且根据年度农业生产发展形势，不断进行调整和优化。主要包括以下几种类型：种养业良种体系建设资金、新型农民科技培训资金、农业科技创新与应用体系建设资金、农产品质量安全体系建设资金、农业信息与农产品市场体系建设资金、农业资源与生态环境保护体系建设资金，农业社会化服务与管理体系建设资金、粮食综合生产能力增强行动资金、健康养殖业推进行动资金、重大动物疫病防控行动资金、疫病虫害防治补助资金等。

农业专项资金种类繁多，且每年都会有变化。在创业过程中，农业创业者要根据创业项目的类型，及时关注国家和地方政府的农业专项资金政策，争取得到专项资金的支持。

3. 金融信贷扶持政策

金融信贷扶持政策是国家对创业者在金融信贷领域所给予的优惠政策，其意义主要是在金融信贷方面减轻创业者的信贷压力，帮扶创业者创业成功。

在对小额担保贷款财政贴息资金管理上，2013年9月8日，《财政部、人力资源社会保障部、中国人民银行关于加强小额担保贷款财政贴息资金管理的通知》（财金〔2013〕84号）做了如下规定。

（1）小额担保贷款的申请和财政贴息资金的审核拨付，要坚持自主自愿、诚实守信、依法合规的原则。各级财政部门要充分认识到小额担保贷款工作对于促进就业、改善民生的重要意义，切实履行职责，加强财政贴息资金审核，规范政策执行管理。

（2）财政贴息资金支持对象按照现行政策执行，具体包括符合规定条件的城镇登记失业人员、就业困难人员（一般指大龄、身有残疾、享受最低生活保障、连续失业一年以上，以及因失去土地等原因难以实现就业的人员）、复员转业退役军人、高校毕业生、刑释解教人员，以及符合规定条件的劳动密集型小企业。上述人员中，对符合规定条件的残疾人、高校毕业生、农村妇女申请小额担保贷款财政贴息资金，可以适度给予重点支持。

（3）财政贴息资金支持的小额担保贷款额度为，高校毕业生最高贷款额度10万元，妇女最高贷款额度8万元，其他符合条件的人员最高贷款额度5万元，劳动密集型小企业最高贷款额度200万元。对合伙经营和组织起来就业的，妇女最高人均贷款额度为10万元。

（4）财政贴息资金支持的个人小额担保贷款利率为，中国人民银行公布的同期限贷款基准利率的基础上上浮不超过3个百分点。财政贴息资金支持的小额担保贷款期限最长为2年，对展期和逾期的小额担保贷款，财政部门不予贴息。

4. 金融支农政策

随着农业现代化进程的加快，种养大户、家庭农场、合作社等规模化、集约化新型农业经营主体的快速发展，商品化生产和产业化经营的特点日益凸显，无论是固定资产投入，还是流动资金需求，农业农村经济发展对金融资本更加依赖，"贷款难""贷款贵"的老大难问题已经到了非解决不可的地步。

在《国务院关于印发推进普惠金融发展规划（2016—2020年）的通知》（国发〔2015〕74号）中指出，要提高金融服务的可得性。大幅改善对城镇低收入人群、困难人群以及农村贫困人口、创业农民、创业大中专学生、残疾劳动者等初始创业者的金融支持，完善对特殊群体的无障碍金融服务。加大对新业态、新模式、新主体的金融支持。提高小微企业和农户贷款覆盖率。提高小微企业信用保险和贷款保证保险覆盖率，力争使农业保险参保农户覆盖率提升。继续完善农业银行"三农金融事业部"管理体制和运行机制，进一步提升"三农"金融服务水平。引导邮政储蓄银行稳步发展小额涉农贷款业务，逐步扩大涉农业务范围。鼓励全国性股份制商业银行、城市商业银行和民营银行扎根基层、服务社区，为小微企业、"三农"和城镇居民提供更有针对性、更加便利的金融服务。

第三节　创业资金的管理

一、注册资金

注册资金就是企业全部财产的货币表现，是企业从事生产经营活动的物质基础，是登记主管机关核定经营范围和方式的主要依据。

自2014年3月1日起施行的《中华人民共和国公司法》，实行注册资本认缴制，也就是除法律、行政法规以及国务院决定对公司注册资本实缴有另行规定的以外，取消了关于公司股东（发起人）应自公司成立之日起两年内缴足出资，投资公司在五年内缴足出资的规定；取消了一人有限责任公司股东应一次足额缴纳出资的规定。转而采取公司股东（发起人）自主约定认缴出资额、出资方式、出资期限等，并记载于公司章程的方式。

认缴制与实缴制不同，实缴制是指企业营业执照上的注册资本是多少，该公司的银行验资账户上就必须有相应数额的资金。实缴制需要占用企业的资金，一定程度上抑制了投资创业，降低了企业资本的营运效率。而认缴制则是工商部门只登记公司认缴的注册资本总额，无须登记实收资本，不再收取验资证明文件。认缴登记制不需要占用企业资金，可以有效提高资本运营效率，降低企业成本。这在一定程度上解决了农民开始创业手头资金不足的难题。

二、利润分配

获得收益是每个投资商的投资目的。创业企业在进行股利分配时，要站在企业战略发展的角度，重视投资商对投资利益的关切，更要重视企业长远战略发展。正确处理眼前利益与长远利益的关系，切不可杀鸡取卵、急功近利。要正确分析企业自身状况，选择适当的股利分配政策，既能满足企业发展的需要，又能取得投资者的理解和满意。一般认为初创期企业收益水平低且现金流量不稳定，实行低股利政策或零股利政策往往是较明智的选择。

三、风险控制

创业初期往往头绪多、事务杂，财务管理方面缺乏制度规范、随意性较大等是常常出现的问题。要解决创业期企业财务管理上存在的问题，必须正视和分析存在问题的种种原因，建立健全财务管理制度体系和运行机制，发挥财务管理内部控制的应有职能，实现财务管理的目标。

四、资金增补

营运资金管理是通过对创业企业资金的使用进行有效控制，达到使用合理、运转高效的目的，是创业企业财务管理的重要内容。通过按月编制营运资金分析表可以有效地控制营运资金。要经常做好资金拥有量和资金占用量差额分析，发现营运资金不足时，应及时采取相应的资金弥补措施，避免资金原因影响创业企业工作进展。

第四节　核算项目的投入收益

一、投入

1. 启动资金

启动资金，是指用来支付场地（土地和建筑）、办公家具和设备、机器、原材料和商品库存、营业执照和许可证、开业前广告和促销、工资以及水电费和电话费等费用。简言之，启动资金就是能够维持企业正常运转的基本资金。企业只要能够正常运转，启动资金占用的越少越好。启动资金可以归为以下两类，即固定资产和流动资金。

（1）固定资产，是指为企业购买的价值较高、使用寿命较长的资产。有的企业用很少投资就能开办，而有的却需要大量的投资才能启动。明智的做法是，把必要的投资降到最低限度，让企业少担些风险。然而，每个企业开办时总会有一些投资，并且不同类型的企业启动资金占用的多少和比例也不尽相同。

（2）流动资金，是指维持企业日常正常运转所需要支出的资金。包括现金、存货（材料、在制品及成品）、应收账款、有价证券、预付款等项目。

企业支付给职工的工资，从企业生产资金周转的角度看，同企业购买原材料等所支付的费用一样，也是一次全部转入成本，并通过产品销售收回来，再用来支付下一次工资。周转方式与流动资金相同。因此，也包括在企业的流动资金中。某些简单工具按性质虽属劳动手段，但因价值或使用时间短，为便于管理，作为低值易耗品也列入流动资金。企业流动资金按其所处的领域分为生产领域的流动资金和流通领域的流动资金。前者又可分为储备资金与生产资金，后者又可分为货币资金与商品资金。流动资金在生产资金中占有很大比重。在食品工业中要占 2/3 以上。节约流动资金对于降低物资消耗，降低产品成本，提高企业经济效益具有重要意义。节约流动资金的主要途径是降低原材料储备，综合利用原材料，降低单位产品的物资消耗与工资含量，缩短产品的生产时间与流通时间等。

2. 固定资产

固定资产是指企业为生产产品、提供劳务、出租或者经营管理而持有的、使用时间超过一年的，价值达到一定标准的非货币性资产，包括房屋、建筑物、机器、机械、运输工具以及其他与生产经营活动有关的设备、器具、工具等。固定资产是企业的劳动手段，也是企业赖以生产经营的主要资产。开办企业时，必须具备这部分资金，而且需要今后多个营业周期的经营才会收回这部分资金。因此，在开办企业之前，有必要预算一下企业投资到底需要多少资金，这是开办企业必须首先具备的。

投资一般可以分为两类：企业的场所和必备的设备。

（1）场所。办企业都需要有适当的场地。当决定创办企业后，就要进一步确定创办企业的地点、场所。场所也许是用来开企业的庞大建筑，也许只是一个小工作间，也许只需要租一个铺面，也许可以在自己家开展工作。当明确需要什么样的场所后，需要作出自行建造、购买、还是租赁等的选择。如果对场所有特殊要求，最好自行建造，但这需要大量的资金和时间。如果能在优越的地点找到合适的场所，则购买现成的场所既简单又快捷。但现成的场所往往需要经过改造才能适合企业的需要，而且需要花大量的资金。如果资金比较紧张，租赁是一种不错的选择。租房比建造厂房和购买厂房所需要的启动资金要少，这样做也比较灵活。如果是租房，当需要改变企业地点时，也会容易得多。不过租房不像自己有房那么安稳，而且也得花些钱进行装修才能适用。如果家里能够满足创业需要，在家创业的固定投资可能是最便宜，但即使这样也少不了要做些调整。在确定企业是否成功之前，在家开业是起步的好办法，因为占用资金较少，待企业成功后再租房和买房也不晚。但在家工作，业务和生活难免互相干扰。

（2）设备。设备是指企业正常运转所需要的各种机器、工具、设备、车辆、办公家具等。对于生产型、加工型和一些服务型企业，最大的需要往往是设备。一些企业需要在设备上大量投资，因此，了解清楚需要什么设备以及选择正确的设备类型就显得非常重要。即使是只需要少量设备的企业，也要慎重考虑确实需要哪些设备，并把它们写入创业计划，可能的话，租赁一些必须设备也可以降低启动资金的数量。

3. 流动资金

企业开办起来以后需要运转一段时间才能有销售收入。生产型企业在销售之前必须先把产品生产出来；服务型企业在开始提供服务之前要先买材料和用品；营销型企业在营业之前必须先购入商品。所有企业的产品在得到顾客接受之前必须先花时间和费用进行促销。总之，需要流动资金支付购买并储存原材料或成品、必要促销、支付工资、支付租金、支付保险和许多其他费用的开销。这要根据企业类型或规模进行预测，在获得销售收入之前，企业能够支撑多久。一般而言，刚开始的时候销售并不顺利，因此，流动资金需要计划周密些。为了做好周密计划，需要制订一个现金流量计划。它会有助于更准确地预测所需要的流动资金。

（1）库存。预计的企业规模越大、原料的库存就可能越多，需要用于采购的流动资金就越大。既然购买存货需要资金，就应该将库存降到最低限度。

如果是生产型或加工型企业，必须预测生产需要多少原材料库存，这样可以计算出在获得销售收入之前需要多少流动资金。如果是服务型或营销型企业，必须预测在顾客付款之前，提供服务需要多少材料库存。如果企业允许赊账，资金回收的时间就更长，需要动用流动资金更多。

（2）租金。正常情况下，企业一开始运作就要支付企业场所的租金。计算流动资金中用于场所的金额，用月租金乘以还没达到收支平衡的月数就可以得出来。而且，还要考虑租金支付的周期长短。如果一次支付周期长，就会占用更多的流动资金。

（3）工资。如果雇用员工，在起步阶段就得给他们付工资。还要以工资方式支付自己家庭的生活费用。计算流动资金时，要计算用于发工资的钱，通过用每月工资总额乘以还没到达收支平衡的月数就可以计算出来。

（4）促销。新企业开张，需要宣传自己的商品或服务，而促销活动占用一些流动资金。

（5）其他费用。在企业起步阶段，还要支付一些其他费用，例如，保险、电费、文具用品费、交通费等。

二、收益

当选择了创业项目，就决定了为市场可能提供的商品种类和质量。确定了产品，就决定了目标市场，而目标市场的消费能力和对产品的认知度，决定了创业成功的概率。

在确定产品价格之前，要计算出为顾客提供产品或服务所产生的成本。每个企业都会有成本。作为创业者，必须详细了解经营企业的成本。

创业项目的预期收益是指在企业完成商品供给后获得的收益。预期收益是由供给的产品价格和供给产品的数量扣除生产产品成本后的余额。

1. 成本

在确定产品价格之前，要计算出为顾客提供产品或服务所产生的成本。很多企业因为没有能力控制好企业的经营成本而陷入财务困境。一旦成本大于收入，企业将会陷入困境甚至破产。因此，成本控制是对创业成功的重要影响因素之一。

怎样具体地计算成本？首先，要了解自己生产产品或提供服务的成本构成。其次，要了解固定资产折旧也是一种成本。最后，计算出单位产品的成本价格。

对于一个准备创业者来说，预测成本绝对不是一件容易的事。最好的方法是，参照一家同类企业，了解一下该企业计入了哪些成本。企业常见的成本项目有原料及主要材料、生产用燃料和动力、生产工人工资、废品损失、车间经费、企业管理费、销售费用等项目。

在一定时期内，有些成本是不变的，如租金、保险费和营业执照费，这些成本叫作固定成本。另外，一些成本随着生产或销售的起伏而变化，如材料成本，这些成本是可变成本。

预测成本时，必须认真区分可变成本和固定成本。材料成本永远属于可变成本。如果还有其他可变成本，必须知道这些成本是怎样随着销售的增长而变化的。

折旧是一种特殊成本：折旧是由于固定资产不断贬值而产生的一种成本，如设备、工具和车辆等。它虽然不是企业的现金支出，但仍然是一种成本。

由于折旧是针对固定资产而做的。因此，您需要计算固定资产（有较高价值和较长使用寿命的资产）的折旧价值。在大多数小企业里，能够折旧的物品为数不多。企业常见的固定资产项目的折旧率，如工厂建筑、设备和工具、办公家具等年折旧率是 20%，机动车辆等年折旧率是 10%，店铺的每年折旧率是 5%。而商场店铺的装修年折旧率可高达 50%。

根据各种企业类型不同、销售产品的方式不同，计算每年或每月，甚至每天的成本。当基本明确了投资周期（投资周期是指从资金投入至全部收回所经历的时间），对产品的定价及预期收益都有了重要的参照物。

2. 价格

产品质量或服务水平确定后，价格是否合理，是能否实现产品销售出去的基础。制定价格主要有以下两种基本方法。

（1）成本加价法。将制作产品或提供服务的全部费用加起来，就是成本价格。在成本价格上加一个利润百分比得出的就是销售价格。如果企业经营有效，成本不高，用这种方法制定的销售价格在当地应该是具有竞争力的。但是，如果企业经营不好，成本可能会比竞争者的高，这意味着用成本加价法制定的价格会太高，而不具有竞争力。

（2）竞争价格法。这是确定价格的另一种方法。在定价时，除了考虑成本外，还要了解一下当地同类商品或服务的价格，看看拟定的价格与它们相比是不是有竞争力。如果拟定的价格比竞争者的高，则要保证它能更好地满足顾客的需要。

实际上可以同时用成本加价和竞争比较这两种方法来制定价格。一方面，要严格核算产品成本，保证定价高于成本，当然，一定不要拿制造商的销售价和商店的零售价进行比较；另一方面，应随时观察竞争者的价格，并与之比较，以保持自己的价格有竞争力。当然，对于新创业者者来说，难以预料的风险可能是竞争对手对这家新生企业的反应。有时，当一家新企业进入市场时，竞争对手的反应是很激烈的。他们也许会压低价格，使新企业难以立足。

所以即使新生的企业计划做得很完备，也总会面临一些意外的风险。

3. 收入

在准备创业时，了解一定量的销售能带来多少收入，称为销售收入预测。预测销售和销售收入是准备创业计划中最重要和最困难的部分。大多数人都会过高估计自己的销售，因此，在预测销售时不要太乐观，要求实际。千万要记住，在开办企业的头几个月里，销售收入不会太高。预测销售收入的一般步骤是：首先，列出您的企业推出的所有产品或产品系列或所有服务项目；其次，产品的销售数量及时期；再次，预测产品的销售价格；最后，计算预期销售额扣除成本的余额，得出预期收入。

第八章　制订创业计划

第一节　编制创业计划书

一、创业计划书的内容

一般情况下，农业农村创业计划书主要包括以下几方面的内容。

1. 事业/生意描述

描述自己的农村创业项目所要进入的行业，卖什么产品（或服务），谁是主要的客户，所属产业的生命周期是处于萌芽、成长、成熟还是衰退阶段，打算何时开业等。

2. 产品/服务介绍

描述自己的产品和服务到底是什么，有什么特色，自己的产品跟竞争者有什么差异。

3. 市场分析

首先需要界定目标市场在哪里，是既有的市场已有的客户，还是在新的市场开发新客户。不同的市场不同的客户都有不同的营销方式。在确定目标之后，决定怎样上市、促销、定价等，并且做好预算。

4. 实施地点

一般公司对地点的选择可能影响不那么大，但是如果要开店，店面地点的选择就很重要。

5. 竞争状况

谁是最接近的五大竞争者，他们的业务如何，他们与本业务相似的程度，从他们那里学到什么，如何超越他们。

6. 管理计划/人事计划

考虑现在、半年内、未来3年的人事人员需求，并且具体考虑需要引进哪些专业技术人才、是全职还是兼职、薪水如何计算，所需人事成本等问题。

7. 资金需求与使用

8. 风险分析与规避措施

9. 未来成长与发展计划

二、编制创业计划书的步骤

创业计划是争取风险投资的敲门砖。因此，创业者在申请风险投资之初，要将创业计划作为头等大事。一份好的成功的创业计划有如下特征：具有吸引力，观点清晰明了，客观、通俗易懂且严谨周密、篇幅适当。

1. 准备阶段

由于创业计划涉及的内容较多，所以编制之前必须进行充分的准备、周密的安排。第一，通过文案调查或实地调查的方式，准备关于创业企业所在行业的发展趋势、同类企业组织机构状况、同类行业企业报表等方面的资料。第二，确定计划的目的和宗旨。第三，组成专门的工作小组，制订创业计划的编写计划，确定创业计划的种类与总体框架，制订创业计划编写的日程与人员分工。

2. 形成阶段

在这个阶段，主要是全面编写创业计划的各部分，包括对创业项目、创业企业、市场竞争、营销计划、组织与管理、技术与工艺、财务计划、融资方案以及创业风险等内容进行分析，初步形成较为完整的创业计划方案。

3. 完善阶段

有了初稿后，应广泛征询各方面的意见，进一步补充修改和完善创业计划。编制创业计划的目的之一是向合作伙伴、创业投资者等各方人士展示有关创业项目的良好机遇和前景，为创业融资、宣传提供依据。所以，在这个阶段要检查创业计划是否完整、务实、可操作，是否突出了创业项目的独特优势及竞争力，包括创业项目的市场容量和赢利能力，创业项目在技术、管理、生产、研究开发和营销等方面的独特性，创业者及其管理团队成功实施创业项目的能力和信心等，力求引起投资者的兴趣，并使之领会创业计划的内容，支持创业项目。

4. 定稿阶段

这个阶段是指定稿并印制创业计划的正式文本。

三、编制创业计划书的注意事项

1. 创业计划要符合当地实际

要对项目是否适合本地进行分析研究，在拟定创业计划的时候，做到心中有数、符合实际，创业计划要切实可行，能够实施。

2. 创业计划要量力而行

要根据自己的财力、物力、技术、特长、管理能力等因素，综合考虑创业计划。要从小做起，不要把摊子铺得过大。要脚踏实地，一步一个脚印地把自己的事业发展壮大。

3. 创业内容要有行业特色

一般农民都能创业的领域，尽量不要涉及，否则不会有理想的效益。创业要有特色，有科技含量，有创新，否则就不会长久，或者赚不到钱。

4. 创业形式要选择恰当

可以选择加入农民合作社、农业协会或注册创办有限责任农业企业等。这些创业形式不仅能解决农民不懂生产技术、没有生产本钱、市场开拓能力缺乏等难题，而且能保障农民作为经营主体与大市场对接，是实现农业产业化、真正带动农民致富的有效途径之一。同时，还可以通过成员间共担风险、共享利润的经济合作形式，使农民的经济活动取得尽可能高的效益，又能保留农民在其创业项目运行中的自主性质。

第二节　创业计划的可行性

当创业者已经激发起创业的勇气、找准了创业的项目、拥有了创业的资金、制订了创业的计划时，是否就可以动手创业了呢？一般来说，具备了这些条件还不够，还有一个重要的环节需要我们去完成。也就是说，创业计划方案制订后，不能马上实施，必须对创业计划的可行性进行充分分析。

一、计划的可行性

如何评估创业计划是否可行？尽管现在有机会创业，动机不错，想法也很棒，但是基于市场经济能力或家庭等因素的考虑，现在也许不是创业的好时机。

创业必须有相当的竞争力，而且只有自己才能决定怎么做最恰当。成事不易，创业更难。当确定自己适合创业后，创业者不必急着马上走上创业这条路，还必须先评估一下创业计划是否可行。

1. 能否用语言清晰地描述出创业构想

创业者应该能用很少的文字将自己的想法描述出来。根据成功者的经验，经过认真思考，简练清晰描述自己创业构想的创业者成功概率更高。

2. 是否真正了解自己所从事的行业

许多行业都要求选用从事过这个行业的人，并对其行业内的方方面面有所了解。否则，创业者就得花费很多时间和精力去调查诸如价格、销售、管理费用、行业标准、竞争优势等。

3. 是否看到过别人使用过这种方法

一般来说，一些经营红火的公司经营方法比那些特殊的想法更具有现实性。在有经验的企业家中流行这样一句名言："还没有被实施的好主意往往可能实施不了。"

4. 想法是否经得起时间考验

当未来的企业家的某项计划真正得以实施时，他会感到由衷的兴奋。但过了一个星期、一个月甚至半年之后，将是什么情况？它还那么令人兴奋吗？或已经有了完全不同的另外一个想法来代替它。

5. 设想是为自己还是为别人

是否打算在今后 5 年或更长的时间内，全身心地投入这个计划的实施中去？是否制订了长期创业计划和长期发展计划？

6. 有没有一个好的网络

开始办企业的过程，实际上就是一个组织诸如供应商、承包商、咨询专家、雇员的过程。为了找到合适的人选，创业者应该有一个服务于你的个人关系网。否则，你有可能陷入不可靠的人或滥竽充数的人之中。

7. 明白什么是潜在的回报

每个人投资创业，其最主要的目的就是赚最多的钱。可是，在尽快致富的设想中隐含的绝不仅仅是钱，还要考虑成就感、爱、价值感等潜在的回报。如果没有意识到这一点，就必须重新考虑你的计划。

如果条件发生变化，即使是最有效的创业计划也会变得过时，保持对公司、行业及市场的敏感性很重要，如果这些变化可能影响创业计划，创业者应该确定如何修改计划。通过这种方式，创业者可以保证目标的实现，并保证企业在成功的道路上前进。

二、预算的科学性

创业资金预算是否科学，决定了以后创业是否能够得到可靠的资金保障。资金预算要对创办企业所需要的全部资金进行分析、比较、量化，制订出资金需求和分阶段使用计划。

要做到农业创业项目资金需求的科学预算，首先要了解该农业创业项目的农产品成本或服务核算成本。不同的项目有不同的成本，但所有产品成本或服务成本都有两种类型的成本，即直接成本和间接成本。直接成本主要包括直接材料成本和直接人工成本；间接成本是为了经营企业而支出的所有其他成本，如房租、水电费、土地使用费、银行利息等。

1. 种植企业成本核算

直接成本：种子、种苗、肥料、地膜、农药、水、生产过程中机械作业所发生的费用、生产人员工资等。

间接成本：土地使用费、管理人员工资、燃料费、折旧费、广告费、招待费、电话费、保险费、办公费用、银行利息等。

2. 养殖企业成本核算

直接成本：饲料、燃料、动力、畜禽医药费、水、畜禽幼仔费、养殖人员工资等。

间接成本：租金、管理人员工资、折旧费、广告费、招待费、电话费、保险费、办公费用、银行利息等。

3. 农资、农机经营企业资金计算办法

直接材料成本：因该类型企业不直接生产产品，购买商品进行转售就是农资、农机经营企业的直接材料成本。

直接人工成本：该类型企业没有从事产品生产的员工，因此所有员工的成本都是间接成本。

间接成本：如电费、电话费等。对于农资、农机经营企业而言，间接成本是企业除了用于商品进行转售的成本以外的其他全部成本。

三、企业的生存性

判断企业是否具有生存性，可以从下面的问题考虑。

1. 你有决心和能力创办你的企业吗

你已经汇集了大量有关新企业的信息。现在你要真实地面对自己，再次考虑你是否做好了开办和管理这个企业的准备。

2. 你的企业能否赢利

你的销售和成本计划反映了企业开办头一年该生产的利润。前几个月可能没有赢利，但往后就应当有，如果生意仍然亏损或者利润很薄，请考虑以下提示。

销量能不能提高？

销售价格有没有提高的余地？

哪些成本最高？有没有可能降低这些成本？

能否靠减少库存或降低原材料的浪费来降低成本？

企业的收益起码要能够支付你的工资，给自己定的工资报酬应该和你投入企业的时间你的能力和所负担的责任相称，它等于你雇别人来做你的工作时该付的工资。除了你的工资之外，你的投资还应带来利润回报。

3. 你有没有足够的资金来办企业

你的现金流量表显示了企业现金收入和支出的动态。你要有足够的现金去支付到期的账单。即使企业有销售收入，但如果周转资金不足，企业也会倒闭。

如果你的现金流量表显示某个月份里现金短缺，你要采取以下措施。

减少赊销额，加快现金回笼。

采购便宜的替代品或原料，减少材料消耗来降低当月的成本。

要求供应商延长你的付款期限。

要求银行延长贷款期，或降低每月偿还的本息。

推迟添置新设备。

租用或贷款购买设备。

4. 请人帮你审核你的创业计划

一般来说有以下几种方法。

（1）专家论证。在有条件的情况下，要请几位本地区的专家对创业计划进行充分论证，找出计划中的不足，多找计划书中的毛病，多提反对意见，从而进一步完善计划。请专家论证虽然会增加一些论证费用，但得到的回报会远远超出花费。投资额超过 50 万元以上的项目，最好要召开论证会，多请一些同行专家参加，一次论证不满意，经过修改后再论证，直到满意为止。

（2）多方咨询。寻求有丰富经验的律师、会计师、熟悉相关政策的政府官员、专业咨询家的帮助是非常必要的。例如，向行业管理部门进行咨询，他们对你所准备从事创业的行业有总体上的认识和把握，具备一般人不能具备的预测能力，能够通过行业的优劣特点、行业的市场状况、行业的竞争对手、行业的法律约束等方面的分析给予帮助。他们的建议有时能让你的创业计划书更加完美。

（3）风险评估。创业的风险不能低估，要充分了解同行的效益情况，要预测市场的变化，要充分估计到如果产品卖不出去怎么办、行业不景气怎么办，还要包括季节气候的变化、竞争对手的强弱、客源是否稳定等情况。这些风险对创业者而言极为严重，有时甚至会导致创业的失败。对于这一系列问题，创业者都要有完整而周密的考虑和应对措施。

你的创业计划是一份很重要的文件，它为你提供一个在纸面上而不是在现实中测试你所构思的企业项目的机会。如果创业计划表明你的构思不好，你就要放弃它，这样就能避免时间、金钱和精力的浪费。所以，先做一份创业计划很有必要，此间，应向尽可能多的人征求意见。

　　你要反复审阅创业计划的内容，直到满意为止。创业计划是要交给一些关键人物看的，如潜在的投资者、合伙人或贷款机构等，你得仔细斟酌，以便准确地向他们传递他们所需要的信息。

第九章　实施创业计划

第一节　创业企业的设立

创业企业的类型有多种，这里主要介绍几种初级创业者常用的典型的类型。

一、个体工商户

1. 设立条件

有经营能力的城镇待业人员、农村村民及国家政策允许的其他人员，可以申请从事个体工商业经营；申请人要有与经营项目相应的资金（自行申报，没有最低限额）、经营场所、经营能力和业务技术。

2. 设立程序

第一，办理名称预先登记。领取填写《名称（变更）预先核准申请书》，同时准备相关申报材料；递交《名称（变更）预先核准申请书》，等待名称核准结果；领取《企业名称预先核准通知书》《个体工商户开业登记申请书》；根据工商行政管理局印制的《企业登记许可项目目录》规定核定要求，办理审批手续。

第二，全面递交申报材料，符合规定后等候领取《准予行政许可决定书》。

第三，领取《准予行政许可决定书》，按照要求到工商局交费领取营业执照，依法经营。

二、个人独资企业

1. 设立条件

投资人为一个自然人；有合法的企业名称；有投资人申报的出资额（无最低限额要求）；有必要的从业人员；有固定的生产经营场所和必要的生产经营条件。

2. 设立程序

第一，领取填写《名称（变更）预先核准申请书》《指定（委托）书》，同时准备相关申报材料。

第二，递交《名称（变更）预先核准申请书》，等待名称核准结果。

第三，领取《企业名称预先核准通知书》《企业设立登记申请书》；根据工商行政管理局印制的《企业登记许可项目目录》规定核定要求，办理审批手续。

第四，全面递交申报材料，符合规定后等候领取《准予行政许可决定书》。

第五，领取《准予行政许可决定书》，根据要求到工商局交费领取营业执照，依法经营。

三、合伙企业

1. 设立条件

有2个以上合伙人；有书面合伙协议；有合伙企业的名称、经营场所、合伙经营条件；有各合伙人认缴或实际缴付的出资（合伙企业资金没有最低限额要求）；合伙人应当具备完全民事行为能力和法律、行政法规规定的其他条件要求。

2. 设立程序

第一，领取填写《名称（变更）预先核准申请书》《指定（委托）书》，同时准备相关申报材料。

第二，递交《名称（变更）预先核准申请书》，等待名称核准结果。

第三，领取《企业名称预先核准通知书》《企业设立登记申请书》；根据工商行政管理局印制的《企业登记许可项目目录》规定核定要求，办理审批手续。

第四，全面递交申报材料，符合规定后等候领取《准予行政许可决定书》。

第五，领取《准予行政许可决定书》，根据要求到工商局交费领取营业执照，依法经营。

四、农民专业合作社

农民专业合作社是在农村家庭承包经营基础上，同类农产品的生产经营者或者同类农业生产经营服务的提供者、利用者，自愿联合、民主管理的互助性经济组织。

1. 设立条件

设立农民专业合作社，应当具备下列条件。

（1）有5名以上符合《农民专业合作社法》第十四条、第十五条规定的成员。

《中华人民共和国农民专业合作社法》（以下简称《农民专业合作法》）第十四条规定："具有民事行为能力的公民，以及从事与农民专业合作社业务直接有关的生产经营活动的企业、事业单位或者社会团体，能够利用农民专业合作社提供的服务，承认并遵守农民专业合作社章程，履行章程规定的入社手续的，可以成为农民专业合作社的成员。但是，具有管理公共事务职能的单位不得加入农民专业合作社。农民专业合作社应当置备成员名册，并报登记机关。"

《农民专业合作社法》第十五条规定："农民专业合作社的成员中，农民至少应当占成员总数的80%。成员总数20人以下的，可以有一个企业、事业单位或者社会团体成员；成员总数超过20人的，企业、事业单位和社会团体成员不得超过成员总数的50%。"

（2）有符合《农民专业合作社法》规定的章程。农民专业合作社章程应当载明下列事项：名称和住所；业务范围；成员资格及入社、退社和除名；成员的权利和义务；组织机构及其产生办法、职权、任期、议事规则；成员的出资方式、出资额；财务管理和盈余分配、亏损处理；章程修改程序；解散事由和清算办法；公告事项及发布方式；需要规定的其他事项等。

（3）有符合《农民专业合作社法》规定的组织机构。

主要机构有农民专业合作社成员大会、理事会、监事会。

农民专业合作社设理事长一名，可以设理事会。理事长为本社的法定代表人。

农民专业合作社可以设执行监事或者监事会。理事长、理事、经理和财务会计人员不得兼任监事。

农民专业合作社成员大会由全体成员组成，是本社的权力机构，确定章程、财务、利益分配、重要人事安排等事项。理事长、理事、执行监事或者监事会成员，由成员大会从本社成员中选举产生，对成员大会负责。

理事会会议、监事会会议的表决，实行一人一票。

农民专业合作社的理事长、理事、经理不得兼任业务性质相同的其他农民专业合作社的理事长、理事、监事、经理。

执行与农民专业合作社业务有关公务的人员，不得担任农民专业合作社的理事长、理事、监事、经理或者财务会计人员。

设立执行监事或者监事会的农民专业合作社，由执行监事或者监事会负责对本社的财务进行内部审计，审计结果应当向成员大会报告。成员大会也可以委托审计机构对本社的财务进行审计。

（4）有符合法律、行政法规规定的名称和章程确定的住所。

（5）有符合章程规定的成员出资。

2. 设立程序

（1）提交报批材料。《农民专业合作社登记管理条例》第十一条规定：申请设立农民专业合作社，应当由全体设立人指定的代表或者委托的代理人向登记机关提交下列文件：设立登记申请书；全体设立人签名、盖章的设立大会纪要；全体设立人签名、盖章的章程；法定代表人、理事的任职文件和身份证明；载明成员的姓名或者名称、出资方式、出资额以及成员出资总额，并经全体出资成员签名、盖章予以确认的出资清单；载明成员的姓名或者名称、公民身份证号码或者登记证书号码和住所的成员名册，以及成员身份证明；能够证明农民专业合作社对其住所享有使用权的住所使用证明；全体设立人指定代表或者委托代理人的证明。

农民专业合作社的业务范围有属于法律、行政法规或者国务院规定在登记前须经批准的项目的，应当提交有关批准文件。

（2）核批。《农民专业合作社登记管理条例》第十六条规定：申请人提交的登记申请材料齐全，符合法定形式，登记机关能够当场登记的，应予当场登记，发给营业执照。

除前款规定情形外，登记机关应当自受理申请之日起 20 日内，做出是否登记的决定。予以登记的，发给营业执照；不予登记的，应当给予书面答复，并说明理由。

3. 扶持政策

《农民专业合作社法》有下列规定。

（1）国家支持发展农业和农村经济的建设项目，可以委托和安排有条件的有关农民专业合作社实施。

（2）中央和地方财政应当分别安排资金，支持农民专业合作社开展信息、培训、农产品质量标准与认证、农业生产基础设施建设、市场营销和技术推广等服务。对民族地区、边远地区和贫困地区的农民专业合作社和生产国家与社会急需的重要农产品的农民专业合作社给予优先扶持。

（3）国家政策性金融机构应当采取多种形式，为农民专业合作社提供多渠道的资金支持。具体支持政策由国务院规定。

国家鼓励商业性金融机构采取多种形式，为农民专业合作社提供金融服务。

（4）农民专业合作社享受国家规定的对农业生产、加工、流通、服务和其他涉农经济活动相应的税收优惠。

支持农民专业合作社发展的其他税收优惠政策，由国务院规定。

五、有限责任公司

有限责任公司是指根据《中华人民共和国公司登记管理条例》规定登记注册，由 50 个以下的股东出资设立，每个股东以其所认缴的出资额对公司承担有限责任，公司以其全部资产对其债务承担责任的经济组织。有限责任公司包括国有独资公司及其他有限责任公司。

1. 设立条件

《公司法》规定设立有限责任公司，应当具备下列条件。

（1）股东符合法定人数。《公司法》规定有限责任公司由 50 个以下股东共同出资设立。

（2）股东出资达到法定资本最低限额。《公司法》规定有限责任公司的注册资本为在公司登记机关登记的全体股东认缴的出资额。公司全体股东的首次出资额不得低于注册资本的 20%，也不得低于法定的注册资本最低限额，其余部分由股东自公司成立之日起 2 年内缴足；其中，投资公司可以在 5 年内缴足。

有限责任公司注册资本的最低限额为人民币 3 万元。法律、行政法规对有限责任公司注册资本的最低限额有较高规定的，从其规定。

（3）股东共同制定公司章程。《公司法》规定有限责任公司章程应当载明下列事项：公司名称和住所；公司经营范围；公司注册资本；股东的姓名或者名称；股东的出资方式、出资额和出资时间；公司的机构及其产生办法、职权、议事规则；公司法定代表人；股东会会议认为需要规定的其他事项。股东应当在公司章程上签名、盖章。

（4）有公司名称，建立符合有限责任公司要求的组织机构——有限责任公司股东会。有限责任公司股东会由全体股东组成。股东会是公司的权力机构，依照公司法行使下列职权：决定公司的经营方针和投资计划；选举和更换非由职工代表担任的董事、监事，决定有关董事、监事的报酬事项；审议批准董事会的报告；审议批准监事会或者监事的报告；审议批准公司的年度财务预算方案、决算方案；审议批准公司的利润分配方案和弥补亏损方案；对公司增加或者减少注册资本作出决议；对发行公司债券作出决议；对公司合并、分立、解散、清算或者变更公司形式作出决议；修改公司章程；公司章程规定的其他职权。对前款所列事项股东以书面形式一致表示同意的，可以不召开股东会会议，直接作出决定，并由全体股东在决定文件上签名、盖章。

有限责任公司设立董事会的，股东会会议由董事会召集，董事长主持；董事长不能履行职务或者不履行职务的，由副董事长主持；副董事长不能履行职务或者不履行职务的，由半数以上董事共同推举一名董事主持。有限责任公司不设董事会的，股东会会议由执行董事召集和主持。董事会或者执行董事不能履行或者不履行召集股东会会议职责的，由监事会或者不设监事会的公司的监事召集和主持；监事会或者监事不召集和主持的，代表1/10以上表决权的股东可以自行召集和主持。

有限责任公司设董事会。除法律另有规定的以外，其成员为3~13人。董事会可以设董事长一人、副董事长一人。董事长、副董事长的产生办法由公司章程规定。董事任期由公司章程规定，但每届任期不得超过 3 年。董事任期届满，可连选连任。董事任期届满未及时改选，或者董事在任期内辞职导致董事会成员低于法定人数的，在改选出的董事就任前，原董事仍应当依照法律、行政法规和公司章程的规定，履行董事职务。

董事会对股东会负责，行使下列职权：召集股东会会议，并向股东会报告工作；执行股东会的决议；决定公司的经营计划和投资方案；制订公司的年度财务预算方案、决算方案；制订公司的利润分配方案和弥补亏损方案；制定公司增加或者减少注册资本以及发行公司债券的方案；制定公司合并、分立、解散或者变更公司形式的方案；决定公司内部管理机构的设置；决定聘任或者解聘公司经理及其报酬事项，并根据经理的提名决定聘任或者解聘公司副经理、财务负责人及其报酬事项；制定公司的基本管理制度；公司章程规定的其他职权。

董事会会议由董事长召集和主持；董事长不能履行职务或者不履行职务的，由副董事长召集和主持；副董事长不能履行职务或者不履行职务的，由半数以上董事共同推举一名董事召集和主持。

有限责任公司可以设经理，由董事会决定聘任或者解聘。经理对董事会负责，行使下列职权：主持公司的生产经营管理工作，组织实施董事会决议；组织实施公司年度经营计划和投资方案；拟订公司内部管理机构设置方案；拟订公司的基本管理制度；制定公司的具体规章；提请聘任或者解聘公司副经理、财务负责人；决定聘任或者解聘除应由董事会决定聘任或者解聘以外的负责管理人员；董事会授予的其他职权。公司章程对经理职权另有规定的，从其规定。经理列席董事会会议。

股东人数较少或者规模较小的有限责任公司，可以设一名执行董事，不设董事会。执行董事可以兼任公司经理。执行董事的职权由公司章程规定。

　　有限责任公司设监事会。监事会成员不得少于 3 人，设主席一人，由全体监事过半数选举产生。监事会主席召集和主持监事会会议；监事会主席不能履行职务或者不履行职务的，由半数以上监事共同推举一名监事召集和主持监事会会议。股东人数较少或者规模较小的有限责任公司，可以设 1~2 名监事，不设监事会。监事会应当包括股东代表和适当比例的公司职工代表，其中职工代表的比例不得低于 1/3，具体比例由公司章程规定。监事会中的职工代表由公司职工通过职工代表大会、职工大会或者其他形式民主选举产生。监事的任期每届为 3 年。监事任期届满，可连选连任。董事、高级管理人员不得兼任监事。

　　监事会、不设监事会的公司的监事行使下列职权：检查公司财务；对董事、高级管理人员执行公司职务的行为进行监督，对违反法律、行政法规、公司章程或者股东会决议的董事、高级管理人员提出罢免的建议；当董事、高级管理人员的行为损害公司的利益时，要求董事、高级管理人员予以纠正；提议召开临时股东会会议，在董事会不履行本法规定的召集和主持股东会会议职责时召集和主持股东会会议；向股东会会议提出提案；依照《公司法》第一百五十二条的规定，对董事、高级管理人员提起诉讼；公司章程规定的其他职权。

　　监事可以列席董事会会议，并对董事会决议事项提出质询或者建议。监事会、不设监事会的公司的监事发现公司经营情况异常，可以进行调查；必要时，可以聘请会计师事务所等协助其工作，费用由公司承担。监事会应当对所议事项的决定做成会议记录，出席会议的监事应当在会议记录上签名。

　　（5）有固定的生产经营场所和必要的生产经营条件。

　　2. 设立程序

　　（1）领表。申请人凭《企业名称预先核准通知书》向登记机关领取《公司设立登记申请书》，按表格要求填写。

（2）提交材料。申请有限责任公司设立，须提交材料、证件：公司董事长签署的设立登记申请书；全体股东指定的股东代表或者共同委托代理人的委托书及其代表或（代理人）的身份证明；公司章程；会计师事务所或审计师事务务所出具的验资证明，同时提交企业（公司）注册资本（金）入资专用存款账号余额通知书；股东的法人资格证明；载明公司董事、监事、经理姓名、住所的文件以及有关委派、选举或者聘任的证明；公司法定代表人任职文件和身份证明；《企业名称预先核准通知书》；公司住所证明；法律、行政法规规定必须报经审批的，还应提交有关部门的批准文件。登记机关要求提交的其他文件、证件。

（3）受理审查。申请人提交材料后，领取编有号码的《工商企业（公司）申请登记受理收据》。登记机关从受理之日起 30 天内做出核准决定。

（4）领照《企业法人营业执照》。公司登记申请被核准后，由公司的法定代表人凭《工商企业（公司）申请登记受理收据》领取《企业法人营业执照》。其他后续手续还有凭营业执照到公安局指定的刻章社，刻公章、财务章；办理企业组织机构代码证；银行开基本户；领取执照后，30 日内到当地税务局申请领取税务登记证；申请领购发票等。当然公司类型不同和地方要求不同可能手续也有所不同，手续齐备后，才能正式开业。

第二节　控制生产成本

控制生产成本是企业根据一定时期成本管理目标，由成本控制主体在其职权范围内，在生产耗费发生以前和成本发生过程中，对各种影响成本的因素和条件采取的一系列预防和调节措施，实现成本降低和成本管理目标的管理行为。企业成本水平的高低直接决定着企业产品盈利能力的大小和竞争能力的强弱。控制成本、节约费用、降低物耗，对于企业具有重要意义。

一、生产成本控制的原则

1. 领导重视原则

"历览前贤国与家，成由勤俭败由奢"。企业收益一靠产出多，二靠开支少。产生费用的方面多、项目多，控制不好，浪费得就多，企业运行成本就大。必须引起高度重视。领导要站在战略的高度，抓好落实，成本就能得以有效控制。

2. 全员参与原则

成本控制是全体工作人员的工作任务之一，着眼"一滴水、一张纸、一度电"，从点滴做起。营造节约光荣、浪费可耻的氛围。全员参与，人人有责。

3. 经济性原则

指因推行成本控制而发生的成本，应少于因缺少控制而丧失的收益。

4. 因地制宜原则

成本控制要根据特定企业类型、岗位部门的要求，分析项目成本费用产生特点，制定有企业特色，有部门特点、项目特点、费用特点的成本控制方案，有效实施成本控制。

二、生产成本管理的方法

成本控制的方法有多种，这里主要指常用和有效的管理方法。

1. 目标成本管理

目标成本管理的基本思想就是以市场可能接受的产品销售价格减去合理利润和税金后所能允许发生成本的最大限额为依据，制定可行的成本目标，在产品生产准备前下达给技术、生产等职能部门，通过进行环节和费用项目分析，研究费用控制途径，制定费用控制措施和方案，并加以落实实施，最终实现成本目标，达到成本控制的目的。

2. 作业成本管理

作业成本管理的基本思想就是理清企业的作业项目总量，将企业消耗的所有资源费用按照一定的方法准确计入作业项目，再将作业项目成本按照一定方法分配成本计算对象（产品或服务）的一种成本计算方法。作业成本管理将作业作为成本计算的核心和基本对象，全部作业的成本总和构成产品成本或服务成本，是实际耗用企业资源成本的累计。

3. 责任成本管理

责任成本管理的基本思想就是将企业划分为负责成本管理的若干责任单位或个人，由责任单位或责任人管理负责所承担的责任范围内所发生的各种耗费。具体操作是按照企业管理系统，将成本管理责任落实到各部门、各单位和具体执行人，由责任单位或责任人分析成本项目，落实成本责任，实施成本有效控制。

4. 标准成本管理

标准成本管理的基本思想就是研究制定标准成本，分析实际成本与标准成本差异，制定成本差异部分的解决措施。标准成本管理以产品成本为研究对象，将成本计划、成本核算、成本控制融为一体，突出成本的系统控制，及时揭示成本差异，明确职责分析和控制产生的各种差异，通过改进管理，降低消耗，实施有效成本控制。

三、生产成本降低的策略

降低企业的成本就是要在企业的生产过程中，节省一切不必要的开支，把每一分钱都用到必须用的地方。一般说来，降低生产成本的策略包括以下方面。

1. 制度的制定与落实

企业的生存和发展是有很大难度的。要想使企业发展顺利，应该建立一套相应的管理制度，特别是财务制度，从制度上杜绝一切不必要的成本。制度制定之后，还要在一定范围内进行学习，从而更好地促进制度的落实。

2. 设备改进与科技更新

对生产上的一些高耗能、低效率、污染重的落后设备进行有计划地淘汰，同时引进相应的低耗能、高效率、无污染的设备。企业设备的完好率与正常生产率也是一个值得重视的指标。这就需要企业有一支技术过硬的设备检修与保养队伍，要求他们不仅技术过硬，还要有责任心，出勤率高，才能够达到这样的效果。同时，还要注意引进一些实用的高新科技，利用高新科技生产出优质产品，并促进企业的整体效率提高。

3. 加强教育，树立勤俭办企业的精神

应该对创业队伍加强勤俭办企业精神的教育，并把这样的要求落实到创业的方方面面。理想的状态是所有的创业队伍人员都应该有这样一个概念："该花的钱就花，不该花的钱一分也不能花"。那种企业不是我的，垮了与我没关系的思想在企业内部不能够有市场。对于有这种思想的人，应该予以批评，并在制度上予以限制。

4. 违规现象的惩罚效应

在企业的创业过程中，因为各种原因，会有一些违规现象出现。如何处理这种现象，也事关企业生存与发展。按照制度管事、制度管人的原则，对于违反相应制度的人和事，应该按照制度的要求，进行相应的批评、赔偿、处罚。这是因为，一次不处理，就会以后产生更多的违规现象，数量和影响也会越来越大，直到无法收摊。"小洞不补，大洞吃虎"的意思就是这样。

此外，创业者还要通过生产实践观察，对那些在经济上过不了关的人要慎重使用，特别是经济上不能够委以重任，避免产生不必要的损失。

第三节　管控创业的进程

一、做好准备工作

1. 认真研究政府政策环境和项目特点

要充分收集认真研读国家关于创业项目的有关政策规定，利用好有关该项目在土地、资金、税收、物质奖励等方面的扶持优惠政策，避开国家在某些层面的不利限制，利用政府营造的优良外部环境，争取有利的发展空间，为企业创造乘势而上的创业氛围。同时，要充分了解项目实施遇到的困难和问题，未雨绸缪，计划越周密、准备工作越细致，工作进展越顺利，就会形成良好的开局，为成功创业打下良好基础，做好扎实铺垫。

2. 做好项目审批工作

项目审批前要研究审批的内容和程序，做好审批工作要求的各方面准备工作。要制定项目实施方案和项目创业计划书。只有按照预先方案要求，做好充分的准备，才能做到有计划、有步骤，工作开展才能有条不紊，事半功倍。

3. 做好开工准备

项目进入审批阶段，已经是弓在弦上，进入操作阶段将迫在眉睫，需要着手考虑厂房、设施设备、原材料、资金、劳动力、技术人员、销售人员、管理团队等，要根据时间节点和工作的陆续展开，各方面要整装待发，不断到位，确保各项工作的有序推进。

二、组织的协调统一

1. 政令统一，信息高效

团队建设的基本点是要号令统一，政令出多口，就会众口不一，下属就会无所适从，不知该干什么，不知如何干。这与军团作战一样，对于同一个士兵群体，如果一个将军让向东进攻，另一个将军让向西进攻，面对强大的敌人，士兵就会不知所措，乱作一团，结果肯定会一败涂地。同样，企业生产单位如果面临多头领导指挥，就会造成令出多头，指挥失灵。因此，组织领导的科学分工、协调一致对企业发展尤为重要。不仅内部要做到如此，对外联络也要保持高度一致，实行对口管理，才不至于造成对外政策的矛盾不一。同时，要保证团队的高效运转，必须建立信息快捷的沟通渠道，保证日常工作处于良性工作状态和遇到突发事件时做出快捷反应。

2. 各部门的沟通配合

创业初期刚进入工作阶段，难免各部门对自己工作职责不清，人与人工作协调性也处于高度磨合的状态，再加上各项制度建立也刚刚起步，肯定有不完善的地方，这就会造成各部门工作协调有缺口、有漏洞情况发生，要不断巡查各方面工作运转的状态，发现问题，及时明确责任，不断完善工作职责，做到无缝隙对接。同时，加强团队教育，树立主人翁意识，要做到不越位、会补位，增强大局意识，提高团队作战思想，加强沟通协调配合，增强凝聚力和战斗力。

3. 加强系统的测试和监控，及时总结与反馈

企业要加强运行状态的测试和监控，不仅要考核工作能力、责任心，还要监测团队协调配合的情况。要不断总结工作中取得的成绩和存在的问题，对典型案例要举一反三。对于有积极表现的要采取一定的方式予以奖励，对于做法欠妥的行为也要给予一定的警示。让大家牢记责任、能力和团队协调配合对企业的重要意义。当然，鼓励或警示要根据不同情况，采用不同的策略，不要造成适得其反的效果。

三、良好的试运营

试运营是对团队的重要考验，不仅对于领导是考验，对一般工作人员也是如此。因为大家是刚刚组合在一起的同事，而且还要把一些生产要素整合在一起，完成一项新的工作任务，这是一项全新的挑战。正如一台刚刚组装的机器，能不能正常运转，全靠开始启动时，对各部件的功能不断进行调整，使成为能够协调配合的整体，经过一定时间的验证，如果运行平稳，才能合格使用。创业初期，领导团队工作压力最大，要时刻关注生产经营各方面的运行动态，不断调整部门功能，直至形成良好的工作运行状态，工作才能走上正轨；否则，起跑不好，与对手竞争开始就处于不利的状态，工作局面就很被动，甚至可能被淘汰。

四、重视营销

一个企业成败关键看产品销售。它是企业发展的生命线，任何企业都要高度重视营销工作。刚刚创业的企业更是如此，良好的开端是成功的一半，如何开好局，起好步，建立一支素质优良的营销团队和销售网络对于企业发展至关重要。当然，营销业绩是多方面的，最终考验企业的综合实力。但对于创业初期，营销策略更是重要的一环。往往良好的营销开端，会让创业项目搭乘高速运行的列车。

五、不断提高团队能力

企业良好的生产经营运营状态，必然有素质优良的战斗团队。要注意提高各方面人才的能力，不断适应企业发展的变化。要采取"走出去""请进来"等各种学习方式提高技术管理人员和员工的整体素质，充分调动大家的积极性，不断进行技术创新、管理创新、营销策略创新，成为行业发展的领跑者。

第四节　创建企业文化体系

创业者要在创业的行业中独树一帜，必须精心打造企业的文化。文化是一个非常广泛的概念。确切地说，文化是凝结在物质之中又游离于物质之外的，能够被传承的国家或民族的历史、地理、风土人情、传统习俗、生活方式、文学艺术、行为规范、思维方式、价值观念等，是人类进行交流、普遍认可、能够传承的意识形态。

作为一个企业，要求从业者能够尽心尽力为企业生存发展贡献力量，并产生其归属感；要让从业者将贡献与自身的发展紧紧相连，达到同舟共济。农业企业不仅是生产农产品，还具有博大精深的农耕文化。企业文化是指企业在生产经营过程中，经过企业领导者长期倡导和员工长期实践所形成的具有本企业特色的、为企业成员普遍认同和遵守的价值观念、信仰、态度、行为准则、道德规范、传统及习惯的总和。优秀的企业文化不是自然生成的，其功能的充分发挥有待于精心培育和长期建设。企业文化建设是一项长期的系统工程，因为企业文化是由物质文化、制度文化和精神文化构成的，所以企业文化体系创建的内容也围绕这 3 个方面展开。

一、精神文化的创建

精神文化是企业文化的深层内容，是企业文化的核心所在。精神文化的创建主要是培植企业的价值观念和企业精神，形成企业特有的文化理念。精神文化创建有以下的内容。

1. 价值观念

价值观念是企业全体成员所拥有的信念和判断是非的标准，以及调节行为与人际关系的导向系统，是企业文化的核心。对企业而言，价值观为企业生存和发展提供了基本方向和行动指南。它的基本特征有 3 个方面：一是调节性。企业价值观以鲜明的感召力和强烈的凝聚力，有效地协调、组合、规范影响和调整企业的各种实践活动。二是判断性。企业价值观一旦成为固定的思维模式，就会对现实事物和社会生活作出好坏优劣的衡量评判。三是驱动性。企业价值观可以持久地促使企业去追求某种价值目标，这种由强烈的欲望所形成的内在驱动力往往构成推动企业行为的动力机制和激励机制。

2. 企业精神

企业精神是广大员工在长期的生产经营活动中逐步形成的，并经过企业家有意识的概括、提炼而得到确立的思想成果和精神力量。它是企业优良传统的结晶，是企业全体员工共同具有的精神状态、思想境界。企业精神一般是以高度概括的语言精炼而成的。塑造企业精神，主要是对思想境界提出要求，强调人的主观能动性。它是企业在长期的经营活动中，在企业哲学、价值观念、道德规范的影响下形成的。如奉献精神、创业精神、主人翁意识等。它代表着全体员工的心愿，催人奋进，形成强大的凝聚力量。

3. 企业经营哲学

企业经营哲学实际上是企业在生产经营管理过程中的全部行为的根本指导思想，是企业领导者对企业发展战略和经营策略的哲学思考，是企业人格化的基础，是企业的灵魂和精神中枢。一个企业制订什么样的目标，培养什么样的精神，弘扬什么样的道德规范，坚持什么样的价值标准，都必须以企业经营哲学为理论基础。

4. 企业道德

企业道德是企业共同的行为规范和准则，是企业价值观发挥功能的必然结果。它由善与恶、公与私、正义与非正义、诚实与虚伪、效率与公平等道德范畴为标准来评价企业和员工的行为，并调整其内外关系。它一方面通过舆论和教育的方式，影响职工的心理和意识，另一方面，又通过舆论、习惯、规章制度等形式成为约束企业和员工行为的准则。它的功能和机制是从社会伦理学角度出发的，是企业的法规和制度的必要补充。

二、制度文化的创建

企业的制度文化一般包括企业法规、企业的经营制度和企业的管理制度。在企业文化创建的过程中，必然涉及与企业有关的法律和法规、企业的经营体制和企业的管理制度等问题。企业文化的法律形态体现了社会大文化对企业的制约和影响，反映了企业制度文化的共性。企业文化的组织形态和管理形态体现了企业各自的经营管理特色，反映了企业文化制度的个性。

1. 企业法规

企业法规是调整国家与企业，以及企业在生产经营或服务性活动中所发生的经济关系的法律规范的总称。不同国家的企业法规都是以国家的性质、社会制度和文化传统为基础制定的，对本国的企业文化建设有着巨大的影响和制约作用。企业法规作为制度文化的法律形态，为企业确定了明确的行为规范，是依法管理企业的重要依据和保障。

2. 企业的经营制度

企业的经营制度是通过划分生产权和经营权，在不改变所有权的情况下，强化企业的经营责任，促进竞争，提高企业经济效益的一种经营责任制度，是企业制度文化的组织形态。

3. 企业的管理制度和习俗仪式

一般来说，企业法规和企业经营制度影响和制约着企业文化发展的总趋势，同时也促使不同企业的文化朝着个性化的方向发展，但真正制约和影响企业文化差异性的原因是企业内部的管理制度、习俗仪式。企业管理制度是企业内部按照组织程序正式制定成文的规章和规定，如人事制度、奖惩制度等，规范则可以是成文的，也可以是约定俗成的，如道德规范、行为规范等。制度规范是企业文化的组织保障体系。在制度规范的约束下每个组织成员能够确切地掌握行为评判的准则，并以此自动约束、修正自身行为。习俗仪式也是企业制度文化建设的内容之一。包括企业内部带有普遍性和程式化的各种风俗、习惯、传统、典礼仪式、集体活动、娱乐方式等。与制度规范相比，习俗仪式带有明显的动态性质，经常通过各种活动和日常的例行仪式表现出来，如举办公司庆典、例行的仪式和活动等。

三、物质文化的创建

物质文化是企业内部的物质条件和企业向社会提供的物质成果。物质文化是企业文化的物质表现和凝结。就企业性质而言，企业文化如果仅限于价值观念、企业精神、习俗仪式等意识形态方面，是极不完整的，只有将精神、意识形态的文化转化为职工的热情和创造力，生产出能够体现价值和理想追求的物质产品才能形成完全意义上的企业文化。物质文化创建包括以下主要内容。

1. 产品文化价值的创造

产品文化价值包括有形产品和无形服务，如产品的品质、特色、外观、包装、服务等。企业在物质文化建设过程中，要运用各种文化艺术和技术美学手段，作用于产品的设计和促销活动，使产品的物质功能与精神功能达到统一，使顾客得到满意的产品和服务，从而提高产品和企业的竞争能力。

2. 厂容厂貌的优化

企业的造型、建筑风格、厂区和生活区的绿化美化、车间和办公室的设计和布置方式等要能体现企业的个性化，它是企业文化建设的重要内容。良好的环境能促使员工有效地提高工作效率。

3. 企业物质技术基础的优化

企业的设备、厂房、工作场地的物质技术条件直接对员工的工作心态产生影响。同等生产技术条件下，搞好企业生产生活环境与条件的优化改造可以调整员工的工作情绪，提高工作效率。企业在文化建设过程中，要加强智力投资和对企业物质技术基础的改造，使企业物质技术水平得到不断提高。

物质文化能为企业成员营造赖以生存和发展的环境和条件，对内，可以促使职工为追求理想目标和自身价值的实现而更好地工作、学习，求得自身的全面发展；对外，充分展示企业的突出形象，积累和扩张企业的无形资产，使企业在市场竞争中赢得优势。

第十章　管理创业团队

对于创业者来说，人是第一位的，因为企业是靠人来经营的，产品和服务是靠人来生产、销售和服务的。创业者选择什么样的创业伙伴，就会有什么样的企业。为了实现创业的目标，必须依据企业的需要、对应相应的人才，构建一个协调、高效的创业团队，创业团队必须具备应付各种任务的专业知识和专业技能，同时创业团队人员之间必须关系和谐、信任有加、精诚合作、爱岗敬业、勇于奉献。组建创业团队是创业者的首要任务，打造团队是创业的重中之重。

第一节　认识创业团队

创业团队是指由两个或两个以上具有一定利益关系、彼此间通过分享认知和合作行动，以共同承担创建企业的责任、处在新创企业的人共同组建形成的有效工作群体。狭义的创业团队是指有着共同目的、共享创业收益、共担创业风险的一群创建企业的人；广义的创业团队则不仅包括狭义创业团队，还包括与创业过程有关的各种利益相关者，如风险投资家、专家顾问等。

一、创业团队的构成

很多创业者刚开始创业的时候人很少，甚至自由自己在做，但是随着事业的发展，创业团队越来越显得重要，而要形成强有力的创业团队，团队结构就必须科学合理，一般应由以下类型人员组成。

1. 领头人

企业创办发起人往往就是领头人，领头人就是要学会用人之长，容人之短，充分尊重角色差异，找到与角色特征相契合的工作，发挥每个员工的个体作用。在准备创业和制定创业计划时，你要考虑自己的团队组成，要明确哪些工作可以由你自己去做，哪些工作是你既没能力也没时间去做而需要团队成员去做的。

俗话说："兵熊熊一个，将熊熊一窝"，一个优秀的领头人关系创业的成败。在一个有胆识、有魄力、有智慧的领头人的带领下，大家才能"事业有奔头，工作有干头"，才能"心往一处想，劲往一处使"，才能凝聚合力，团结一致，冲锋陷阵，攻坚克难，取得创业的成功。否则，缺少核心的领头人，就很难形成有力的战斗团队，队伍就会一盘散沙，没有任何的竞争力，自然也就很难取得好的业绩。因此，领头人就是团队的核心和灵魂。

2. 人才

（1）技术人才。技术是行业发展的核心要素，不仅关系生产经营的成本、质量、劳动生产率，对企业的生产规模和管理等诸方面都有着重要影响。因此，技术人才对于企业发展而言，在一定程度上起着决定性作用。没有优秀的技术人才就没有优秀的产品质量和优质的服务，当然就没有竞争力，早晚要被市场淘汰，尤其是在科技发展日新月异的今天更是如此。

（2）管理人才。科学技术是生产力，管理同样是生产力。生产经营管理人才是企业日常工作的组织者，不仅关系质量成本控制，而且还要调动一切积极因素，让每一个工作人员长期保持高昂的斗志，良好的工作状态，实现企业高效运转，提高执行力。如果没有管理人才有效发挥管理作用，生产经营就会陷入无序状态，就没有企业的正常运转，就谈不上企业竞争力和企业发展。

（3）营销人才。产品被顾客选择才能实现产品向商品的转变，才能实现价值。企业的产品或服务能够为消费者接受，才能够实现产品或服务顺利进入消费领域，成为商品并实现价值。这一过程需要营销人才做出巨大的努力。企业的经济效益最终都要通过营销团队的努力实现。因此，营销人才在团队建设中有着举足轻重的作用。

（4）金融人才。企业的发展离不开金融财务管理。一方面要遵守国家的法律规定；另一方面资金的筹措、管理、使用要建立一整套规范的规章制度，保证资金的合理利用和使用效果。因此，金融人才是团队建设中的重要组成部分。现代企业对金融人才有着更高的素质要求，不仅要精通业务，还要提高协调关系等方面的能力。只有这样，才能做到精打细算，提高资金利用效果，为企业发展保驾护航。

3. 顾问

创业前进行必要的咨询是有利于创业成功的，也是避免重大失误的有效措施。如果团队里有一些经验丰富的各行业专家是非常重要的，他们经历了行业发展的过程，目睹了许多企业生产经营的兴衰，对行业发展有其独特的视角和独到的认识，在行业内有着丰富的从业经验，团队能够吸收这样的人才为企业所用，肯定能够帮助企业少走弯路。

联系那些对你有过帮助而且将来还可能扶持你的行业专家，包括专业协会会员、会计师、银行信贷员、律师、咨询顾问和政府部门专家，争取获得他们的支持和帮助。

4. 合伙人

合伙人，通常是指以其有形资产或无形资产进行合伙投资创办企业，参与经营，依协议享受权利，承担义务的人。合伙人可以用资金、实物、技术、技术性劳务等作为合伙的投资形式。因此，合伙人可以是投资人、技术持有人、劳务投入人等。

如果企业不止一个业主，这些业主将以合伙人的身份与你共享收益，共担风险。他们将决定彼此如何分工合作。要管理好一个合伙制企业，合伙人之间的交流和沟通很重要，一定要透明和诚恳。合伙人之间意见不一致时要全方位沟通，求大同存小异，否则往往会导致企业的失败。因此，有必要准备一份科学合理的企业管理规章制度，使每个合伙人的责任和义务、风险和利益的安排清晰、分工明确、分配合理，促使合伙人共同遵守。

5. 员工

你不可能有时间或能力把所有的工作都承担下来，这就需要别人来分担，这就要招聘员工，让员工来完善你的企业工作。能招聘到符合岗位职责的有适当技能、有工作积极性的员工对你来说是很重要的，尤其是适合你企业的员工。当你确定需要招聘员工后，要把岗位的工作职责写出来。岗位职责要明确规定某一特定领域里要做的工作，让员工明确知道企业需要他们做什么应该做什么，并以此来衡量员工的工作绩效。

总之，准备创业的你组建的团队成员都会影响你创业的成败。你要管好企业，就要慎重地选择人员，要明白他们各自的角色和岗位。一个有效率的企业要组织得严谨，让所有团队成员知道自己必须做什么以及完成任务所需要的技能。认真搞清你所需要的人员，为全体职工建立岗位责任制，你的企业管理起来就会容易得多。

二、成功创业团队的特点

创业团队成员都应将团队利益置于个人利益之上，要充分认识到个人利益是建立在团队利益基础之上的，团队中不能存在个人英雄主义，每一位成员的价值，都体现为对于团队整体价值的贡献。成员不计较短期获取的薪资、福利、津贴等，愿意牺牲短期利益来换取长期的创业成果。

1. 好的领头人

领头人是创业团队的灵魂和核心。俗话说"火车跑得快，全靠车头带"。许多创业成功的案例证明"团队带头人是成功创业的关键"。优秀的带头人有高远的志向、过人的胆识和智慧，有魄力、有凝聚力和组织管理能力，有博大的胸怀，有敢于胜利的英雄气概，不怕困难，敢于创新，为了企业发展，深谋远虑，趋利避害，不计个人得失，一往无前。许多创业团队在很短的时间内就消亡了，很重要的原因在于创业团队的带头人其实根本不是一个合格的带头人。

2. 协作的团队

团队成员必须对企业长期发展经营充满信心，每一位成员对于企业经营成功要给予长期的承诺，不因一时利益或困难退出团队，都要清醒地认识到创业将会面临的挑战和困难。这样才能全身心地投入到工作中去，才能凝聚共识、同心同德、团结协作将事业推向成功。当然，为了能形成利益共同体，不能只有语言上的承诺，必要时要从制度上进行规范，尤其是在责任和利益上的约定。

3. 明确的价值取向

团队成员应该有认同的明确一致的价值取向，全心致力于创建企业的发展。团队成员只有认同了价值取向，其目标才坚定，才可能保持持久的创业激情，拥有昂扬的斗志，不遗余力为其奋斗，企业才可能走向成功。在创业的过程中，经常明确和修正价值取向，是吸引有相同价值取向的人员加入团队，时刻保持旺盛的精力和创业热情。缺乏相同的价值取向，会失去创业的信心，产生消极，对创业团队所有成员产生的负面影响可能是致命的。

4. 明确的目标责任

创业团队要根据发展规划制定科学的发展目标。在目标设置时，要统筹兼顾，做到近期目标、中期目标、长期目标无缝对接，科学合理。要让团队成员熟知他们工作应该达到的目标。必要时在团队目标的前提下，明确细分团队成员的具体目标。让成员清楚自己应该努力的方向和程度。在此基础上，通过建立健全制度和科学的运行机制，明确目标责任，严格考核成员履行职责情况，实行有效的奖惩办法，确保目标任务落到实处。

5. 合理的利益分配机制

平均主义和大锅饭是懒惰的温床。团队成员的利益分配不一定要均等，但必须要遵循大家认可的规则进行分配，尽量做到合理、透明与公平。要按照贡献与报酬相符的原则，避免贡献与报酬不一致的不公平现象。通常创始人与主要贡献者会拥有比较多的股权，但只要与他们所创造价值、贡献上能相配套，就是一种合理的股权分配。为了今后鼓励干事创业，也可以留有一定比例的股权，用来奖赏以后有显著贡献的创业成员，在利益分配上留有余地，富有弹性。

6. 沟通的创业团队

裂痕来源于缺乏有效的沟通。能够适时有效进行沟通的创业团队，才有向心力、凝聚力和战斗力。有意见分歧是正常的，因为工作辨明是非是负责任的表现。在发生意见冲突的情况下，能够分清是非以企业目标为重，主动搞好沟通与协调，及时消除误解。要非常重视建立和维护创业团队成员之间的相互沟通，特别是团队的主要成员，一旦出现信任危机，将会带来严重后果。因此，在创业组建团队之前，要特别注重对团队成员的了解，观察其是否有诚信、成员的行为和动机是否带有很强的私心等，将组建团队的风险排除在创业之前。

三、创建创业团队的要素

1. 凝聚目标共识

有一个共同的目标，是团队拥有战斗力的核心。有了共同目标，大家才知道自己为什么干，如何干才能实现目标。只有努力的目标一致，大家才容易凝聚共识，增进团结，形成同呼吸、共命运的共同体，才能心往一处想，劲往一处使，才能形成团结协作的战斗集体，同心同德，攻坚克难，取得事业上的成功。

2. 建立组织体系

组织体系如同一个健康机体的脉络，结构合理才能保持健康机体各部分功能正常运行，实现整体的协调运转。如果组织体系不健全就会使局部功能不能发挥，整体协调出现困难，组织统领全局的作用就难以实现；如果组织庞杂，就会局部协调交叉重叠，出现互相扯皮的现象，也会造成资源的浪费。只有设立的组织体系平行设置层面全面，纵向层次清楚，形成一个科学合理的组织系统，加上有效的管理才能体现组织的整体功能，有效发挥团队战斗力。

3. 科学配备人员

团队战斗力最终是由人员的工作表现和系统业绩体现的。要想发挥组织团队的战斗力，组织人员的配备至关重要。组织机构要发挥有效的功能，一方面要保证人才结构的合理性，这是保证各项功能发挥的前提，任何一个层面缺少了专有人才，都难以实现好的组织效果。另一方面每个层面的人员数量要合理，少了，不够用不行；多了，人浮于事效率低下，也不行。在组建团队之前要根据组织体系的要求，认真分析岗位特点，合理确定人员配备。

4. 明确责权范围

组织的协调配合是检验团队战斗力的重要指标。要使团队有一个好的表现，部门间职责和权限必须具体明确。既不能有职责权限出现空缺地带，无人管理；又不要出现职责权限重叠，互相扯皮。只有职责权限界定清楚，科学合理，才能各部门协调统一，实现军团作战的功效，发挥团队整体效能。

5. 合理规划任务

团队的功能作用究竟如何，要通过完成一定的工作任务来体现的。这需要对组织赋予一定的工作任务，才能实现运转。因此，一方面要合理制定工作任务；另一方面要通过科学的调度指挥、组织制度机制才能保证按时保质保量的完成。所以，组织保障有力是要靠计划组织指挥的科学合理实现的。

第二节　了解团队成员

管理创业团队就是对人的管理。对于企业而言，从企业董事长、总经理、中层部门领导、业务主管到基层班组长，职务无论大小，都有一定的管理职责和任务，如何胜任岗位，担当职责，做一个称职的领导是每个管理者思考的重要课题。当然一个优秀领导的基本素质要求应该是多方面的，也是综合性的，主要包括以下几个方面。

一、带头人

1. 观察力

观察力是指带头人的发现能力。"看不出问题就是最大的问题"。任何发生的事件都有一定的表象，一个优秀的领导就是能善于发现客观事实产生的表象，并能通过表象，分析到表象背后的事物发生的本质。带头人就要有一双"慧眼"，通过观察日常管理情况，表现出非同寻常的洞察力和敏感性。有时候下属的一个眼神、一句话，都可能预示着什么，有可能看似正常的事情，如果不留意，可能看不出异常。带头人要提高自己的观察力，不仅要对于从事的行业业务知识非常熟练，还要对环境和所管理的对象等方面非常了解，特别是要学会从不同的角度观察事物，更重要的是不断地加强实践锻炼，在实践中寻找事物的规律，提高观察力。

2. 思考力

是指分析推断能力。科技工作者在看到事件的现象之后，通过进行由表及里、由上到下、由前至后等不同层面的分析推理，研究得出发明创造成果，依靠的正是超常的思考力。一个优秀的管理者要领导大家不断战胜困难，取得事业上的成功，就是要具备优秀的思考力，对事物做出正确的推断，拿出科学合理的管理措施，不断使工作展开新局面，取得新进展。带头人要提高思考力，必须有足够的文化知识积淀和丰富的实践阅历，要掌握科学的逻辑思维方法。

思考力的大小是指由于对思考对象所拥有的知识面、信息量等了解程度，能够产生对事物有多大的判断推理能力；思考力的方向就是围绕思考对象要达到的目标，形成的思考路径；思考力的作用点就是对思考对象在思考时的着力点、着眼点、出发点、思考把握的关键点。作用点正确可以产生事半功倍的效果。"三要素"的有机结合是形成良好思考力效果的基础。

3. 决策力

决策力是带头人对优秀方案的选择能力和决断力。田忌赛马就是很好的例证。任何管理岗位有时候都需要领导"拿主意""定调子"，且事关工作成效，甚至成败。可见领导决策力在管理中的分量举足轻重。领导的决策力主要体现在决策是否具有理智性、适时性、果断性、正确性、全面性、创新性。

正确的决策主要掌握以下要点：一是有明确的决策目标；二是充分了解掌握决策对象的发生情况和具备的条件；三是制定达到目标应有的不同方案；四是掌握分析评价方案的不同方法；五是根据目标价值取向，选用适当的决策方法确定最优方案。

4. 组织力

组织力是指带头人为达到组织工作目标，整合工作资源，带领组织成员完成工作任务的能力。

组织的绩效在很大程度上取决于带头人的组织力。体现带头人组织力的方面主要有组织成员有明确一致的工作目标；步调行动协调一致；工作效率高、质量好；沟通信息渠道健全，信息速度快、效果好；组织成员团结和谐等。带头人要增强组织力主要采用的方法有以贤能领众、以精神励众、以典范引众、以方略率众、以法纪理众。

5. 影响力

影响力是指带头人通过自己的思想、行为以潜移默化的形式对组织成员在思想、行为方面产生的引导、驱动作用。体现带头人影响力的主要方面有思想、舆论、崇拜、工作技能、生活、言行等。带头人提高自己的影响力主要从以下方面着手：拥有渊博的知识，掌握高超的专业能力，练就雄辩的口才、陶冶高尚的情操、提高公正的处事能力，强调重视别人的利益、丰富实践展示平台等。

6. 执行力

执行力是指解读贯彻执行上级指示精神，安排部署和完成上级工作任务的能力。执行力是检验领导水平、责任意识、大局意识的重要方面。良好的执行力主要表现在安排工作顺畅；工作效率高、效果好；令行禁止等。提高带头人执行力主要从以下方面着手：提高带头人责任意识、大局意识；提高带头人综合素质和管理能力；加强组织制度建设；加强团队建设，增强凝聚力等。

二、优秀带头人的性格特征

1. 沉稳

沉稳是指稳重，淡定，沉着冷静，遇事不慌，不浮躁。处惊不乱，处乱不慌，遇到意外情况时，能够保持头脑清醒，分析发生的原因，对事件做出正确的判断，经过理性思考再做决定。性格沉稳、主要表现为不随便显露情绪、不随便诉说困难和遭遇、紧急情况行动稳健不慌不忙。做一个性格沉稳的带头人要锤炼自己的稳重习惯。在任何情况下，讲话语速适中，不要匆忙；遇事冷静，处乱不慌；行动稳健，不慌里慌张；征询别人意见，先思考但不急于讲；重要决定先调查研究，不急表主张；遇到不满，不发牢骚，表现正常。

2. 细心

细心是指心思细密，做事仔细。思考问题方方面面考虑得周全，做起事来注重细枝末节。

细心的主要表现：想到别人常常想不到的层面，做事能够注意常常容易忽略的细节。细心主要做到：一要思考问题学会分析事物的方法。要注意从事物发生的根源上寻找要达到的目标途径，运用发散思维方式逐条分析，不出遗漏。二要养成良好的行为习惯。对执行不到位的问题，要发掘产生的症结；对做事惯例，要思考优化的办法；养成井井有条的处事习惯；经常查找工作中别人难以发现的问题；工作中发现缺失及时"补位"等。

3. 胆识

胆识是指胆量和见识。人人都渴望成功，人人都具有成功的潜能，但现实生活中，只有那些拥有超常胆识的人，才能够成为真正的成功者。当然胆识是建立在充满自信和分析论证基础之上的，绝不是盲目冒险的鲁莽行为。有胆识的带头人常常表现为：讲话充满自信；做事意志坚定，不反悔；遇到争执不下的问题，旗帜鲜明，有自己的主张，不随波逐流。遇到不公、不正、不仁、不义之事，敢于表明立场；对于资历资格老、自视清高、专横跋扈者的违规行为，能够坚持自己的观点；自己负责的工作，能够处理好原则与感情的关系；在做好论证时，勇于尝试风险等。有胆识主要做到：一要分析论证透彻；二要做事准备充分；三要过程随机应变；四要敢于承担风险。

4. 积极

积极是指在工作中不甘落后总是走在别人前面的行为。积极的品格是追求上进的表现，是创造不菲业绩的条件。积极品格主要表现在：思考问题常正面考虑得多，心里阳光，充满希望；做事充满信心，有将事情做得又快又好的愿望和行动。养成积极品格助推成功的主要措施是：一要养成要求进步的习惯；二要遇事做好周密的思考和准备；三要实施计划分析有没有优化的办法；四要有竞争意识，不胆怯；五要遇到不利的局面，能让团队保持乐观阳光的心态，带领团队寻求突破，走出困境；用心做事，不负众望；六要结束或放弃困局干净利落。

5. 大度

大度是指度量大，心胸宽广、宽容。大度主要表现在：能够原谅别人的过错；不计前嫌；难事能够拿得起放得下；处理利益攸关的事不斤斤计较；事事从对方考虑，换位思考，谦让等。大度主要做到：一要心胸宽广，"大肚能容天下之事""宰相肚里能撑船"；二要无私，"心底无私天地宽"；三要重情义，"为朋友两肋插刀"，不计个人得失；四要轻权利，"无权一身轻"，不注重权利带给自己的利益与荣耀；五要乐于奉献，助人为乐。

6. 诚信

诚信是指诚实守信用。诚信的主要表现用一句话概括就是"言必行，行必果"，即说到做到。做到诚信主要从以下方面着手：做不到的事情不说；不要虚的口号和标语；解决企业存在的"不诚信"问题；遵守职业操守；倡导诚信文化；维护品牌信誉等。

7. 担当

担当是指承担并负起责任。主要表现：临危受命；主动请缨；缺位时主动补位；主事人不履行职责或能力不足时，主动担当；总结过失教训时主动受过。做到担当主要从以下方面着手：总结工作先查找自己"过错"；承担过错从上级开始；在划分任务时，勇挑重担；对于胆小怕事之人，要明确敢于担责后造成的损失应由组织承担。

三、管理层

人在社会生活和工作中，扮演着多种角色，很多情况下管理者相对于下属行使着领导职责，而相对于上司则又成为下属。事实上大多数人更多的时候在扮演着下属的角色。因此，如何做一个称职的下属，不仅关系自身发展，对于企业团队建设至关重要，还在很大程度上直接影响着工作执行力，最终影响企业发展。

1. 综合素质

作为企业的成员，完成本职工作除需要相应的专业技能外，还应该包括口才、文字写作、人际交往、办公设备和工作中非岗位工具使用、管理知识技能，甚至更宽泛的知识文化修养、社会技能和生活高雅情趣等。综合素质提高途径除了专业培训外，更重要的是自身对知识和技能的学习实践，尤其有意识地学习更有利于综合素质的提高。

2. 责任心

影响工作业绩的因素：一是工作时间，二是工作效率；当然还有生产环境等其他因素。影响工作效率的因素：一是工作能力，二是工作态度。而工作态度除了理想信念、激励因素之外，一个重要因素就是责任心。从生产实践中可以得到证实，责任心强的人担心自己影响大局，在缺位时补位也是为他人、为企业、为大局着想。责任心不强的人，即使工作能力强，工作效率也不会很突出，有时可能会出现纰漏。因此，加强责任心，对工作负责、对企业负责、对他人负责、对社会负责，就能提高工作效率，提高执行力。

3. 忠诚

企业管理职能是通过组织系统实现的。企业的高效管理体现在组织系统优良的组织能力。组织管理的职能之所以从高层到基层畅通无阻，顺利执行，就是因为中下层次的管理者作为上一级的下属能够不打折扣地执行上一级的指令。所以，只有下属对上级忠诚，才能执行工作效率高，力度大。要做到忠于上级应该做到：准确理解上级指令意图；及时传达落实上级指令，主动报告工作进度；自觉接受上级指导；对上级批评意见虚心接受，分析原因，不再重犯；接受任务干脆痛快；积极帮助他人工作；向上级建言业务优化方案等。

4. 团结合作

作为下属要了解组织团队的重要性。通常情况下，工作业绩是团队集体团结协作共同努力的结果，个人或部门在团队工作中都是一个协作单位。工作目标要互相依赖，协作完成。作为下属要认识到团结的重要性，只有大家高度协调统一，团结合作，协作配合，才能实现团队战斗力，实现共同目标。

5. 勇于担当

担当是高度责任心的表现。企业要发展，特别是创业企业，有时人才匮乏，很多工作都是第一次，很多时候需要勇敢精神，需要有人敢冒风险，需要有人能够冲上去、顶得上。特别是领导不在场的情况下，及时补位对解决当时困局至关重要，作为下属为企业发展，为企业分忧，才是企业发展的根本。

四、员工

员工是指企业（单位）中各种用工形式的人员，也是企业具体任务的执行者，关系企业的执行力。因此，用各种可能的发展来激励他们，然后寻求他们的支持。使你的员工承诺他们将要做什么、什么时候做和如何去做。实现各尽其能、各尽其才、各尽其长。

针对知识型员工的管理，因为这类员工掌握企业生产发展所必须的知识，具有某种特殊技能，因此他们更愿意在一个独立的工作环境中工作，以便静心思考、学习和研究，不愿意接受其他事物或人员的牵制，企业就要尽可能为他们提供独立的空间，减少干扰。

针对生产型员工的管理，因为这类员工是处于生产一线，考核指标主要是生产效率和生产质量。生产型员工对于生产过程最熟悉，对于生产中影响生产效率和产品质量的因素最了解，通过细心观察和正确分析，进行生产技术革新完全是有条件和机会的。对生产型员工改进生产流程的创新，要给予充分的肯定和奖励。

第三节　管理创业团队

通过在管理上创新来增加企业效益是企业追求的目标之一。常言道"三分技术，七分管理""管理同样是生产力"等都是突出的管理的作用。作为企业，都有一个岗位管理的职责，所有岗位管理构成了企业管理。作为团队成员，都能够履行好本职岗位管理职责，说明该企业具有良好的执行力。如果能够结合岗位管理特点，对管理制度、管理组织体系、管理方式进行改革创新，实现岗位组织管理更加高效，是提高执行力的突出表现。事实上，创业团队成员的组织过程实际就是选人、用人、留人、育人4个方面内容。核心是"量才适用，各尽所能"。

一、团队成员的组织过程

1. 选人

创办企业要根据自己的创业发展规划，制定合理的团队建设发展规划，在不同的时期、不同的发展阶段，根据创业发展需要确定人员数量和人才类型，采用一定的招聘人才方法选择适用人才。

选人基本依据是有助于企业发展。同时具备良好的工作态度、职业能力、忠诚度，三者缺一不可。选择有成功经验的人。选择不以赚钱为第一动机的人。选择能使团队增强凝聚力、向心力的拥有正能量的人。选择"资产型"人才。

选人要注意的事项：选择人才要严格标准，心太软录用不合标准的人员，就是对团队不负责任。选人要注意团队人员的性格互补、能力互补。

2. 用人

用人基本依据是"因才适用，人尽其才"。企业需要选用优秀的人才。优秀人才的一般具有工作有主动性和自发性；注意细节；为人诚信负责；善于分析、判断、应变；乐于求知、学习；具有创新意识，工作常常具有创意；不怕困难、百折不挠，工作投入有韧性；人际关系（团队精神）良好；求胜欲望强烈；勇于担当等特征。可以让优秀人才具有归属感，为其创造独当一面的机会。

3. 留人

梳理员工关系，分析其不同特点。根据员工对工作的不同态度，通过采用制度留人、感情留人、事业留人、待遇留人、环境留人的不同策略，留住企业有用之才。如果不能为企业带来正能量，就要坚决淘汰那些为企业带来负能量的人。

4. 育人

创业之初，受规模和对人才需求认识的影响，人才的数量、结构有可能与创业要求不符。随着创业企业的进一步发展，这种现象可能更加明显，特别在外部人才短缺的情况下，就需要企业挖掘内部潜力，自己培养各层次人才。同时技术发展和知识的更新，员工素质都存在不断进步提高的客观要求。因此，继续教育成为企业人员素质培养的重要工作。

员工素质培养主要包括知识、技能、工作态度三方面的内容。在知识培养方面除了应掌握本职工作必须的知识外，还应该学习企业战略、经营理念、经营知识、法律知识、企业规章制度等；在技能工作培养上，还要拓展人际关系、经营谈判、产品研发、技术攻关等。工作态度要重点培养对企业的忠诚度，促使员工建立良好的互信、合作工作关系，增强积极性、主动性、责任感，加强企业文化的认同感等。

二、团队成员的关系管理

创业团队的所有成员都是企业的员工，都涉及管理，包括创业者、合伙人、一线员工等。员工管理的内容涉及了企业文化和人力资源管理体系。从企业愿景和价值观确立，内部沟通渠道的建设和应用，组织的设计和调整，人力资源政策的制订和实施等。所有涉及企业与员工、员工与员工之间的联系和影响的方面，都是员工管理体系的内容。

从管理职责来看，员工管理主要有 9 个方面：一是劳动关系管理。劳动争议处理，员工上岗、离岗面谈及手续办理，处理员工申诉、人事纠纷和意外事件。二是员工纪律管理。引导员工遵守公司的各项规章制度、劳动纪律，提高员工的组织纪律性，在某种程度上对员工行为规范起约束作用。三是员工人际关系管理。引导员工建立良好的工作关系，创建利于员工建立正常人际关系的环境。四是沟通管理。保证沟通渠道的畅通，引导公司上下及时的双向沟通，完善员工建议制度。五是员工绩效管理。制定科学的考评标准和体系，执行合理的考评程序，考评工作既能真实反映员工的工作成绩，又能促进员工工作积极性的发挥。六是员工情况管理。组织员工心态、满意度调查，谣言、怠工的预防、检测及处理，解决员工关心的问题。七是企业文化建设。建设积极有效、健康向上的企业文化，引导员工价值观，维护公司的良好形象。八是服务于支持。为员工提供有关国家法律、法规、公司政策、个人身心等方面的咨询服务，协助员工平衡工作与生活。九是员工管理培训。组织员工进行人际交往、沟通技巧等方面的培训。

三、团队成员的激励措施

为团队成员营造一个和谐的工作环境，使团队成员能充分发展、学习和分享他们的才干，需要通过相应的激励措施来实现。企业建立的激励措施需要具备相应的特点，才能发挥高效的激励作用，使团队成员发挥其无限潜力。其特点包括：因人而异鼓励的方式有多种，如荣誉、物质奖励、晋升等，要采用恰当的方式，才能收到理想的效果；因事而异不同的时间或不同的情况，存在不同的背景因素，做出的工作成绩可能会有差异，要与时俱进，奖励方式要体现工作的特殊性；奖励适度客观地评价做出的成绩，运用类比方法根据不同的情况，采取恰当的奖励措施；公平性对于处于统一或类似状态下的积极工作表现，要一视同仁。否则，可能鼓励了一部分人，同时可能挫伤了一部分人的积极性。

四、团队成员的淘汰方式

企业辞退员工大致有两种原因，一种是内因，个别员工的工作能力或是工作态度不适应企业的要求，被企业辞退；另一种是外因，如企业应对财务危机、发展瓶颈以及战略调整、体制改革等等，企业需要大规模裁员。此时，适宜采取的是自上而下的缩减编制。首先，减缓企业老板、合伙人等的股金分红。然后，缩减管理层的薪水和红利。第三步是降低员工的薪资和减少工作时数。最后，不得不裁员时，企业势必尽全力想办法先安排员工调职到其他不同的公司。如此，才可以提高员工对企业的忠诚度、责任心和创造力，才有可能让企业不断发展。

第十一章　农村创业创新典型案例

第一节　将"朽木"化成"宝"——方红

安徽省岳西县的大别山深处有一位特殊的"木匠家"，她虽说不是真正意义上的木材雕刻专家，但却巧妙地将这些废弃的木材"变废为宝"。这位"木匠家"名字叫方红，是岳西县青年返乡创业的典型代表之一。2014 年，方红放弃了在上海一家国际学校任教的工作机会，回到家乡创办了一家专门将木材"变废为宝"的公司。

"朽木"也能变成宝

还没走进院子，就远远地望见了方红工厂的庭院里堆满了各种形状和规格的木材原材料。这些木材有的去了皮，切割成 20 余厘米高度的圆木桩形状，有的被切成长条形板块，还有直径不到 10 厘米的圆木被横切成几厘米厚度的薄片堆放在一起。

方红说，这些木材都是她从周边地区的农民那边一件件地收集起来的，其中有大多数都是农民地里常见的松木、樟木、柳木，也有菜园、桑园修枝搭架剩下的"边角料"等。

这些农民不要的"边角料"，从大别山里的农民那儿收集来之后，经过方红工厂里的工人们一番独有匠心的加工和拼凑之后，立马"摇身一变"成为一件件精致且富有艺术美感的咖啡桌、小木凳、屏风、墙面挂饰等家具用品。

方红的工厂里还有专门存放木质加工成品的仓库，低矮的仓库里面陈列着各式各样的木质产品，圣诞树、麋鹿、台灯、钟表、花瓶、篮子……种类繁多，样式独特，每一件都是由木材拼凑而成，散发着淡淡的木质清香。

方红说，目前公司里的木质产品来自 20 多种原材料，共有 17 个系列，近 3 000 种产品，其中有普通家具、节日饰品和红色革命旅游等多种主题。据方红介绍，这些产品价格不一，少的有几百元，多的能有好几千元。

现在，这些废弃的木材也为方红的公司带来了可观的收入。建厂初期，方红的公司里只有 9 人，现在规模已经扩大到 260 多人。营业收入上，公司年营业收入已经从 2014 年的 270 多万元（人民币）大幅提升到了 2018 年的 2 600 多万元，2019 年预计能实现 3 000 万元的年营业收入。

从大别山腹地走向海外市场

方红毕业于复旦大学继续教育学院英语专业，这几年随着公司客户群体的增多，她也越来越多地收到来自国际市场客户的订单。外语专业的优势也让她的外贸工作如鱼得水。

方红说，外语的学习使她能够进行跨界融合，既充分利用了自己的语言优势打开了外贸市场，也在与国际客户沟通上带来许多便捷之处。

据方红介绍，目前公司的国际客户有来自美国、德国、丹麦等海外市场，其中不乏如沃尔玛、宜家、HobbyLobby 和 Maileg 等国际知名品牌。

这几年，方红事业的蓬勃发展也带动了周边百姓的发展。从 2014 年返乡创业不到 5 年的时间，方红不仅把"朽木"化成宝，还把它变成周边百姓的"福音"。

目前方红所在的厂区有 64 人，其中有 27 人是贫困户。方红说，在周边的贫困户就业上，公司也有特殊的待遇。她表示，对于有些行动不便或者家庭和工作不能同时兼顾的贫困户而言，他们可以居家就业，公司会上门下发原材料，并定期上门收制品，最终都以计件报酬的方式返工钱。

此外，方红表示，公司的工会对于厂内的贫困户员工也会给予他们一定的生活补贴，优先解决他们的医疗费用。工厂食堂也会优先购买贫困户员工自己家里种的蔬菜和大米。方红表示，这些小措施都在帮助他们过上更好一点的生活。

"每年的 4—7 月是订单旺季，也是岳西县人民最为忙碌的时期"，方红说。眼看快到圣诞节了，方红表示目前发往国外的货物已经在 10 月的时候基本发完。现在最忙碌的时候已经过去了，但方红的步伐似乎还没有停下来的意思。

她表示，目前工厂内的成品还相对比较粗糙，"现在越来越多的人不光注重物质生活，还注重精神层面的生活"，未来还需要学习日本精细化的手工艺制作，将产品做得更精致更好。方红希望未来公司可以糅合更多的中国文化的元素、生活元素，提倡一种家居、快乐的生活理念。

——中国新闻网（2019-12-9）

第二节　返乡创业 80 后——刘建晋

一个 2 000 多平方米的大型硬化晒粮台，像一面镜子，聚焦了原平市解村乡圪妥村林同种植专业合作社的创业故事。晾晒场上，七八位农民手挥塑制大板锹忙碌着，或将葵花盘儿不断喂入脱粒机的"大口"，或将淘汰出的碎葵片儿装入车内运走……背后是一排排新建的房舍。一位年轻的小伙子边和大伙忙碌着边说："这是我们合作社去年新建的创业基地，包括办公与培训场所……"。他就是原平市林同种植专业合作社理事长——刘建晋，一位回乡创业的80后小伙。

情系故土　回乡创业

从小土生土长的他，亲身感受了父辈们在农村生活生产中的艰辛与不易。父辈们常常对他说，一定要勤奋读书，走出这贫瘠的小山村。脱离"面朝黄土背朝天"的生活模式，于是他的脑海里形成了远走高飞才能脱贫致富的想法。大专毕业后，他当过记者、做过生意、搞过工程……刘建晋在成长，他的社会阅历不断丰富，但他却越来越依恋和思念家乡的故土，他意识到他要做的不应该是背弃和逃离那块生他养他的热土，反之，他该用这些年的所学所知去改变和建设家乡，让家乡变美、让父老乡亲们都过上富足安康的生活成为他最大的责任和心愿。随着中央和地方政府对"三农"问题持续关注，逐年加大对农村农业的投入，在国家政策鼓励和引导下，刘建晋返回家乡，于2010年成立了山西省原平市林同种植专业合作社。

学以致用　务实创新

合作社成立之初只有5个小组成员，以玉米种植为主。但单一的种植结构和生产模式使合作社成员收入与普通农户无异。特别是4年后，面对玉米市场价格滑坡、种地效益甚微的严峻考验，合作社运营发展面临前所未有的困难。刘建晋开始千方百计寻找种植增效的突破口，他们试种过谷子，效益不够乐观；试过白萝卜制种，收入尚可，但面积大了侍弄不过来。前行的道路必定充满荆棘与坎坷，刘建晋没有气馁。2015年，他参加了山西省现代青年农场主培训，他坚持每天听课，认真做笔记，并充分利用农民教育平台，与多名专家教授建立了良好的合作关系。这次培训让他彻底转变了发展观念，他得到了3点启示：一是不能盲目生产，必须要围绕市场需求调整种植生产结构、通过市场分析做生产决策；二是要运用良种、良法和大力推广机械化、标准化种植模式，提高农产品品质；三是要通过对农户提供种子、收购和栽培技术全程指导的方式扩大规模，带动农民发展规模经营增加收益。

培训结束后，刘建晋瞄准了老师推荐介绍的油料作物——向日葵种植，先后3次带领合作社成员多次到邻县及内蒙古等地参观，选中了特种食葵SH363，并跟内蒙古三瑞农科总公司达成了引种推广的协议。他自己以每亩500元的土地流转价，集中规划两大片共150亩，带头试种。同时，请教食葵种植技术人员开展技术服务，印发千余份食葵种植技术资料，用几个月时间广泛动员宣传。辛苦不负有心人，2015—2016年，他不仅在本乡种了1 000亩，还在苏龙口等六七个乡镇推广了2 000亩。他将课堂所学到的农业技术应用到生产实践当中，不断摸索总结经验，得到老百姓的认可和信任。2016年，原平市林同种植专业合作社的入社农户达到了110户，合作社注册资金421万元，经营耕地3 000余亩。

为耕者谋利 为食者健康

把自己"绑"在七乡镇农民3 000亩食葵种植"战车"上的刘建晋，投资12万余元，买回食葵专用播种机、脱粒机、大型筛选机等现代化农机具，大大提高了生产效率。同时，他把更多的时间和精力投入到种植区农民的技术服务上。他说"技术是关键，只有采用标准化生产和全程控制措施才能提升农产品安全水平和市场竞争力，同时也能满足人们对安全优质品牌农产品的消费需求"。从6月机播技术环节，到葵花长到40厘米时的培土管理，到蕾期的施肥浇水，到授粉期的操作，以及吸引蜂群配合授粉，再到收获时的插盘晾晒，防止脱皮，每一步他都要开上自己的小车带上几个技术员四处奔波，现场指导。半年下来，那一片片漫山遍野金灿灿的食葵大田，成为当地诱人风景线，也是对他辛勤创业的最佳回报。

2015年以来，建晋投资建设的2 000平方米大晒台和300平方米学习培训场所，成为林同种植专业合作社和食葵产业发展的创业基地。2017年11月进入食葵收购季节，只见这里车来车往，机声隆隆，脱粒筛选，葵籽满场，又化作食葵标袋成墙的丰收景象。尽管头年试种，仍取得喜人的收获。大部分种植户亩均产量达190~200千克，最高的达到250千克，最低的也有175多千克。按最低收购价4元计算，平均每亩产值1 600多元，除去投入的种子、肥料和灌溉费用，纯收入1 200多元，比种植玉米增收3倍左右。

授人以渔　服务农民

种植食葵的成果还不是林同种植专业合作社的全部，这两年，刘建晋大力发展农机社会化服务。社里15户农民投资的农机队，发展到5台大型拖拉机，4台精量播种机，3台玉米收割机和机耕、旋耕、运输、整秆还田等各种农机具，年年在全乡农机化作业上大显身手。2017年全市机械化整秆还田作业中，又成为一支特别能战斗的机耕队，高质量超额完成了解村乡和大牛店镇1 334万平方米任务。

刘建晋觉得如果每个社员都能掌握先进种植技术，能够摸准市场的脉搏，那么他们也就都成长为真正的现代农民，林同种植专业合作社这个大家庭致富小康梦定会早日实现。为拓宽经营渠道，2016年春季伊始，刘建晋组织林同种植专业合作社社员外出参观学习，考察市场，探索引进新型种植项目。在2017年干旱无雨的严峻形势下，合作社种植的500余亩丘陵旱地谷子，依然取得了可喜的丰硕成绩，较往年种植玉米每亩增收300元。同时，合作社年初引进的白萝卜籽1#、小粒黄也喜获丰收，与其他同值地块相比，显著增收增效超过30%。他还带领林同种植专业合作社的社员们开辟了蔬菜新品种种植试验模块 30 个，探索实践蔬菜新品种在本地气候环境下的生存成长状态，为合作社农户的大面积种植提供成熟的栽培技术和田间管理经验。合作社还积极探索种养相结合的生态循环农业模式，推广"猪—沼—蔬菜"的新型农业可持续发展之路，将养猪产生的污水、粪便经过沼气池发酵，变废为宝，成了优质的有机肥料，为各种农业种植项目提供了生产资源。

刘建晋这样的青年农场主以实际行动践行农业供给侧结构性改革，他紧紧围绕市场需求努力发展现代农业，突破地块零散、不能连片耕作的弊端，实现种植规模化、资源集约化、农业机械化，降本增效，提高每亩单产产值的同时也获得了丰厚的利润回报。2016年林同种植专业合作社农产品、农机服务、养殖、加工等相关产业全年累计销售收入突破 570 万元，实现利润 60 余万元，直接带动200 余户村民受益，增产增效，家庭人均增收 4 300 元。间接拉动周边 1 000 余农户迈上新型现代化农业发展之路。

刘建晋秉着一份赤子游归的心情，在带领乡亲们创业致富的道路上奋进，"与全体社员共谋发展大计，做新时代的新农人"，这就是他——一位现代农民的中国梦。

——乡村 e 站（2018-10-23）

第三节　外贸老板变身"青蛙王子"——杨发东

呱呱呱……2019 年 10 月 3 日，走进重庆市大英县玉峰镇斗笠村的鑫瑞青蛙养殖场就能听到青蛙热闹的叫声，在被纱网罩住的20 多亩土地上，喂养着成千上万只青蛙。

"你们要是再晚一天来，我就走了。明天我要去缅甸给青蛙找销售渠道。"见到记者，养殖场老板杨发东笑着说到。

2018 年，已在外从事汽配外贸生意 10 年的杨发东回到了家乡玉峰镇。通过在斗笠村流转土地50亩，杨发东发展起了青蛙养殖。从外贸老板到懂技术、会经营的"青蛙王子"，杨发东不仅自己搞起了养殖，还新发展了8个养殖户，成为当地有名的致富带头人。

政策鼓励、政府支持　不搞外贸搞养殖

2004年，19岁的杨发东踏上了外出打工了路途。从重庆到缅甸，杨发东依靠勤劳开起了自己的外贸公司。然而，2018年，杨发东却毅然决然回到了家乡。

谈起是什么吸引他返乡创业，杨发东说："回来前，我就去咨询过农民工返乡创业的政策，发现有许多针对农民工返乡创业的优惠政策。另外，政府部门对我们这种返乡创业者的态度，更坚定了我回来的决心"。

2018年10月12日，杨发东找到了斗笠村村委会，提出要在村里流转土地养殖青蛙。让他没想到的是，村委会第二天便召开社员大会，动员村民进行土地流转。

仅仅用了7天时间，就完成了50亩土地的流转工作。村主任向阳说："对于这样的来村里投资的创业者，我们就应该大力支持。"

在得到村民支持的同时，玉峰镇政府更给予养殖场的发展诸多关注。2019年4月，受提灌站设备维修影响，养殖场无法从四五水库提水。"当时正是蝌蚪成长的关键时刻，必须使用活水。"心急如焚的杨发东将这一情况反映给了玉峰镇政府。当天，镇党委书记吴鹏就到村里了解情况。

为了解决维修期间的用水问题，吴鹏和村里进行了协调，暂时使用3社堰塘水，并加快维修进度。两天后，养殖场的供水就恢复了正常。

"其实刚回来的时候，我并没有放弃缅甸的生意。但看到政府

这么支持我创业，我已经放弃了缅甸的生意，一心一意在家乡干。"杨发东说。

带动村民抱团发展 "青蛙王子" 变致富带头人

在杨发东的青蛙养殖基地，水田被隔成了一块一块。人从旁经过，便有无数只青蛙向空中跳起。

"今年我卖了1 200多千克，现在塘里面还有1万多千克。但这段时间我不打算卖了。"杨发东解释道，这段时间是青蛙大量上市的时间，批发价格仅为40元/千克，然而等到明年3、4月，批发价格就能涨到70元/千克。除了留下青蛙错峰销售，杨发东还有自己的"算盘"。

就在几天前，村民陆勇军找到了杨发东，想要跟他学习青蛙养殖。陆勇军说："现在养小龙虾的很多，但养青蛙的却很少。他不仅包种苗还包技术，让人没有后顾之忧。"

截止目前，杨发东已发展8个养殖户，养殖面积达140余亩。

带动村民抱团发展、共同致富，已经成为杨发东的新目标。杨发东说："今年7月，养殖场被洪水淹没，村干部和30多位村民自发冒着大雨来帮我排水、垒沙袋、搬石板，从8时干到22时。没有他们的支持，我的养殖场不可能发展得这样好。我不仅自己养，我更要带着村民一起养。"

在养殖厂的旁边，去年流转后还未使用的20多亩土地即将迎来"新生"。下个月，杨发东将用大英农商行贷款在这里修建大棚孵化池。他说："养殖户越来越多，修建孵化池不仅能为他们提供种苗，还能通过人工孵化提前青蛙上市时间，帮助他们增收。"

多年在缅甸工作，杨发东发现缅甸的许多批发商经常从中国购买黄鳝、青蛙。为了打通青蛙的国外销售渠道，杨发东早早联系了缅甸的批发商准备在国庆期间过去洽谈合作。

离开之际，杨发东信心满满地告诉记者："今年是新中国成立

70周年，我一定要留在家里看完阅兵式。看到祖国繁荣富强，也给我们这些创业者增添了信心。我相信今年春节，我们的青蛙就将走出国门。"

——遂宁新闻网（2019-10-5）

第四节　帮山区橘农搭上"电商快车"——赖园园

"这是我上中学时拍的，我们一家人凌晨两三点到县城去卖果子，那时我就有一个梦想——长大以后一定要让家乡大山里的金橘走出大山，卖出好价钱。"赖园园手拿一张老照片，讲述自己梦想的由来，"我想，有一天我一定要帮乡亲们改变卖金橘的方式，把金橘卖好，做最好的品牌。"

怀揣着"金橘梦"回乡创业

如今32岁的赖园园生长在广西融安县大将镇富乐村。2012年从泰国留学回国后，曾在广西南宁市某现代物流企业做高管的她，主动放弃城市白领生活，带着学到的物流、销售等知识，怀揣着"金橘梦"回乡创业。

"留学和工作是为了学到更多的经验，城市只是我回家乡的必经之路。"2013年，她辞职回家乡做起了电商。"那个时候我真的很难，一方面我要到处联系快递、联系物流，另一方面还要说服乡亲们把金橘以每千克8元放到网上来销售。那时候村里人问我爸，说我是不是搞上传销了。"赖园园忆起创业初期的艰难，"其实在2012年我就尝试着做电商销售金橘了，我在淘宝上开了个网店卖滑皮金橘，当年就卖了100来件，销售额一万多块钱，每斤价格差不多七八块钱，而当时村民们还卖不到每斤两块钱。"

创立电商品牌"桔乡里"

因为家乡在大山里，山路崎岖，赖园园当时遇到的最大困难就是物流成本太高。为了选择合适的物流，她跑遍了广西的物流公司；为了找到适合的产品包装，她买来上百种包装进行比对。解决了物流问题，但是在 2013 年、2014 年还停留在传统销售方式的金橘并没有多大起色。赖园园意识到，想要产品卖得好，必须要有自己的品牌。

2015 年，赖园园组建了电商团队并创立了自己的电商品牌"桔乡里"，她结合"文化、环保、创新"等理念，打造出了以"桔乡里"为主题的金橘系列形象包装。此后，"桔乡里"销售量直线上升，2015 年当年营业额达 500 多万元。

"电商不仅解决了销售渠道，还提高了果子的质量。"赖园园笑着说，以前种金橘光讲究产量，质量参差不齐，如今电商销售都要求"精装"，村民们的种植技术越来越高。

"现在再也不用半夜出去卖金橘了。"村民杨付国说起了话。"以前金橘丰收了既喜又忧，担心销售不出去，价格也不一定如意，一车果子拉到市场，求人购买。现在不一样了，果还在树上，订单就纷纷飞来，根本不愁销路问题。"

助推金橘产业不断壮大

赖园园从标准种植、电商销售、品牌创建三个环节着手，帮助山区橘农破解金橘销售难、增收难的问题。通过电商销售，让原本只卖每千克 4 元的金橘卖出了每千克 40 元的高价。2018 年，以赖园园为负责人的融安县金色桔韵金桔专业合作社销售额近 3 000 万元，收购贫困户金橘达 31 万千克。赖园园一举成为大山里家喻户晓的电商女能人，让山区橘农和贫困户搭上了"致富快车"，助推了金橘产业的不断壮大。2017 年，赖园园被评为全国农业劳动模范。

在赖园园的眼里，"桔乡里"只是起步而已，品牌文化建设、渠道、销量等环节还需要进一步提升。"今年我们新建的冷库、电商大数据中心、自动化分拣包装流水线都要投入使用，从现在的预订情况看，今年的销售收入将突破6 000万元。"赖园园充满信心地表示，在不久的将来要实现一个小目标——销售收入达到一个亿！

——农民日报（2019-9-29）

第五节　传承柳编工艺编织精彩人生——王海燕

在木兰县，人们提起柳河镇万宝村的青年农民马彦涛的媳妇王海燕，从事柳编的同行们个个都会竖起大拇指。今年36岁的王海燕，一个普通的农家女孩，以不向命运屈服的意志，短时间内以顽强精神把饱含着马家两代人20多年心血的柳编厂从废墟中重新建起，凤凰涅槃编织出了自己的精彩人生。如今，经过十多年的打拼，她已拥有600多名职工、2个总厂、15家分厂，年出口创汇1 000多万元，成为木兰地区家喻户晓的女企业家。

传承父业艰苦创业闯世界

王海燕的公爹马占生是一个在当地出了名的老柳编。他历尽艰辛，凭借着一根根柳条，实现了自己改变命运的创业梦想。2004年春天，小两口子承父业接过企业后，想的最多的就是如何把柳编事业做大做强。丈夫马彦涛常年在外跑订单，参加产品推广会，厂子里的事就由王海燕一个人负责。她在原有柳编厂的基础上，通过改建、扩建原有的厂房，引进了先进的管理模式、增加了先进的生产设备，创立了万宝工艺有限责任公司，开发出了众多品种的柳编新产品。

那个时期，风华正茂的王海燕一心扑在新产品的开发上，她吃住在厂里，和老师傅们一起细心研究。眼睛里常常布满红血丝，办公桌上也会经常摆着方便面。就在怀孕期间，也不休息。

让老马和丈夫欣慰的是，王海燕不仅继承了父辈的艰苦创业精神，还学会了上网经营。她在厂里通过网络这种新的渠道，把产品卖到全世界。2008 年，王海燕在网络上建起了自己的网站，网上销售额当年就占到公司总销售额的 48%，产品通过网络成功销往美国、英国、法国、日本等 20 多个国家和地区，现在公司的所有产品销售基本都依赖于网络平台。

凤凰涅槃废墟上重建柳编梦

正当王海燕与丈夫马彦涛带领着自己的柳编团队准备大展宏图之时，一场突如其来的灾难让王海燕和她的家人几近绝望。

2009 年 5 月 6 日午夜，距工厂 1 500 米远的阮家屯屯边柴草垛突然起火。由于当夜春风大，狂风夹着火团漫天飞舞，落到厂区的房顶上。一时间工厂浓烟滚滚，烈焰飞腾。等王海燕从睡梦中惊醒，整个厂区已经是一片火海。大火燃烧了 3 个多小时才被扑灭。望着黑乎乎的产品残骸，抚摸着厂房的断壁残垣，一家人陷进了痛苦的深渊，包含着马家两代人 20 多年心血的工厂，一夜之间化为灰烬。

工人们闻讯连夜赶来，面对此情此景，所有人痛哭失声，王海燕第一个擦干了眼泪，她搀扶起年迈的父母，安慰着失魂落魄的丈夫。黑夜过去了，太阳爬上了山岗，所有的工人都准时来到了厂里。王海燕率先站在了废墟上，她掷地有声地对着工人们说："大家看到了，现在我们一无所有了。可我不会向命运低头，更不会认输。相信我的留下和我一起干，我们从零起步，重新打拼！"工人们没有一个离开的，纷纷解囊拿出了自家积蓄帮公司恢复生产。王海燕找来专业技术人员现场办公，绘出新的多功能厂房图纸。隆隆的机器轰鸣声，伴随着工人们的吆喝声，铁器工具的相互撞击声，绘就了一幅不向命运屈服的重建图。仅仅 100 多天，王海燕和她的工友们就奇迹般的在火灾的废墟上重建了 2 600 多平方米的新厂房。看见眼窝深陷、身体瘦弱、声音沙哑的媳妇，丈夫马彦涛心疼不已，全厂职工也是敬佩不已。

致富不忘乡邻共同创业奔富路

柳编企业都是外销型企业，所以，王海燕的眼睛就紧紧的盯住了外国人的口袋。她认真地研究产品销售国的风俗习惯，改进产品的样式和形态，尽可能地符合外国消费者的欣赏习惯。

为了降低成本，她还亲自和丈夫承包了 100 亩荒地，种植了十几种名贵品种的柳条。不仅使村里的荒地变废为宝，还保证了厂里柳编的原材料供应，更重要的是保证了柳条的质量，从而保证了柳编产品的质量。

王海燕是一个过日子精打细算的女人。为了把有限的资金用到展销商品上，每次她和丈夫出门参加展销会、洽谈会都是能省就省。有时甚至连普通的旅馆都舍不得去住，困了就在面包车里睡一觉，饿了就啃个干面包或泡一碗方便面。丈夫马彦涛总是深感忏愧，常向媳妇抱歉，每逢此时，海燕总是憨憨地一笑说："将来我们会好的，享受的日子在后头呢。"

王海燕的创业精神赢得了所有工人的信赖，大家都说，跟着王海燕干企业一定会做大做强。王海燕和她的丈夫马彦涛所做的柳编企业如日中天，迅速走出了低谷，迎来了快速发展的新机遇。

如今，柳河镇万宝工艺有限公司又在木兰城里建成了 1 个总厂，柳编分厂也从原来的 10 个增加到 15 个，企业员工也从 400 人增加到 600 人。柳编产品不论是产量还是销售额、利润值都增加了 25%左右。几年来，公司年实现产值 1 500 万元，年出口创汇 1 000

多万元，为企业的发展奠定了坚实的基础。

王海燕富裕不忘乡邻，主动带领乡亲共同致富。近3年来企业先后安置20余名下岗工人、6名残疾人，共培训500多名城镇下岗职工和2 000多名农民工，让3 000多人因柳编增加了收入，1 000多个贫困户因从事柳编实现了脱贫。

王海燕，这个敢拼敢闯的青年女农民企业家，正用她的温柔、睿智和胆识，拿起一根根柔韧的柳条精心编织着自己精彩绚丽的人生，让自己的美丽梦想走向国际，走向世界。

——黑龙江日报（2017-2-9）

第六节　从公司白领到返乡创业青年——杨宪永

在安徽省淮南市谢家集区孤堆回族乡，提起省十三届人大代表、江永食用菌种植农民专业合作社理事长杨宪永，人们都会竖起大拇指齐声称赞：是个带动村民创业致富的大能人。

他早年外出打拼，积累一定资金后，回乡牵头成立江永食用菌种植农民专业合作社，推行"合作社+基地+农户"的产业经营模式，将分散的农户组织起来，走集约化、标准化、规模化的发展道路，带动周边村民走上种植双孢菇致富的道路。

离乡闯荡，拼出一片新天地

杨宪永出生在一个贫困家庭，因为家境困难，1987年初中毕业后，迫于生计外出创业。1994年初到上海建筑工地打工，由于没有技术，刚开始在工地做小工，凭借自己头脑灵活、吃苦能干，得到老板的赏识，经过几年的努力，逐渐成为工地上什么都会的能手。

2002年，掌握一定经验技术的杨宪永回到淮南，和朋友一起组建了建筑施工队，开始只有十几个人，承包一些小的工程，经过十几年的努力，建筑队由原来的十几个人发展到一百多人，规模日益壮大，积累了自己创业的"第一桶金"。

2012年，看到家乡仍然贫穷落后，杨宪永心里很不是滋味，他暗下决心，要发展家乡经济，让更多人脱贫致富。经过多方考察，结合家乡实际，他认为种植双孢菇是一个不错的项目，该项目是利用农作物秸秆和牛粪等废物，经过发酵生产出菌菇，既可以解决一部分秸秆利用问题，又能增加农民收入。

"建设双孢菇种植基地，符合当地农业产业结构调整的要求，经济效益、社会效益和生态效益都很明显。"杨宪永说。

回乡创业，引领乡亲奔富路

经过到外地专业食用菌种植基地一段时间的学习，2014年3月，杨宪永牵头注册了江永食用菌种植农民专业合作社，总投资700余万元建成双孢菇标准化基地，规模化生产无公害双孢菇。

合作社成立之初，由于当时市场的不稳定和技术的不成熟，当年即出现亏损。为了让合作社能够继续走下去，杨宪永通过降低原材料成本，拓宽销售渠道，使产品销往了成都、重庆等多个大批发市场。同时，他在技术上下功夫，很快使双孢菇产量每平方米达到了17.5千克，年产量达到500吨，实现扭亏为盈。经过不断摸索，合作社的运行越来越规范，通过推行"合作社+基地+农户"的产业经营模式，实行生产、管理、销售一体化经营，走集约化、标准化、规模化的发展道路，极大提高了农业产业化经营水平。目前，合作社成员已由原来的8人增加到了100多人，种植品种从双孢菇扩大到种植草莓、酥瓜、南瓜等。2018年，双孢菇产量近900吨，销售额700多万元，利润总额280万元，种植草莓、酥瓜、南瓜等100亩，销售额260万元。

特色种植，先进技术是保障。杨宪永苦心钻研食用菌种植等农业科技，成为当地有名的"土专家"，被评为谢家集区首批农村实用人才。同时，还与安徽省食用菌技术协会、安徽省农业科学院农业工程研究所进行对接，建立协同创新、互利共赢、长期稳定的合作关系，进行菌菇产品深加工、废弃物转化有机肥等生产创新，依靠科技创新不断提升食用菌生产的经济效益和生态效益。

吃水不忘挖井人，杨宪永积极吸纳贫困户加入合作社，共同拓宽致富路。目前已有10户贫困户参加到了合作社的食用菌生产之中，合作社负责全程技术服务和产品销售，保障这些贫困户的基本收益，变"外部输血"为"内部造血"，让脱贫基础更加牢固。

——淮南新闻网（2019-9-2）

第七节　扎根农村搞生态农业——张杰

7月底，阳光灿烂，走进杨家庄，一群参加支农队社会实践活动的大学实习生正在仔细地听张杰讲解着农作物的特点和培育方法，山西农业大学的学员邢炳乾说"张杰哥像一名业务熟练的农民，更像为我们传道授业的老师。"

为寻价值勇创业

大学生口中的张杰，就是山西沁县粒粒香专业合作社负责人。

2019年37岁的他，是次村乡杨家庄人。该村农业大多为旱田且不常灌溉，靠天吃饭，主导产业种植业以沁州黄小米、玉米为主，养殖业以养牛为主，人均收入低。2011年7月，从山西中医学院毕业后，留在太原工作。他工作闲暇期间，经常与不同年龄段的人交流，向他们推广沁县本地特产，并了解当代市场需求。

2014年，张杰在家人及亲友的支持下办起合作社，实现了人生的第一次创业。张杰说："满足现状，过上小康，仔细想来这好像不是我的人生目标，我应该有更高的追求，做自己想做的事。真正下定决心是 2015 年回家，看到村里田地荒芜，年轻人都外出打工，留守的老人仍然坚持着传统种植，挣不了多少钱。脑袋突然蹦出了一个想法回乡创业。"2015 年 9 月正值事业上升期时，他做出了辞职决定，返乡全身心投入创业，成立了粒粒香专业合作社和沁县耕兴农业开发有限公司，致力于探索生态农业，建设生态庄园。

调整思路好出发

扎根农村搞生态农业的张杰，创业之初初心是传承农耕文明，推动"三农"兴旺，2018 年成立了沁县耕兴农业开发有限公司，2019 年开始建设耕兴生态农庄。一直想着帮助大山里的人均年收入只有 2 000 多元的乡亲脱贫致富，想了不少点子，从点工制到承包制，每一种合作模式的推出，目的都是希望乡亲们的收入能翻番。

为了提高以沁州黄小米为主的农产品质量，保护生态，促进可持续发展，走三产融合的社会化农业道路，实现乡村振兴，他从创业之初就开始在青储饲料、生态养殖、生态种植、乡村旅游等方面不断实践。在种植过程中，为了保障农作物的品质，他们杜绝使用化肥，全部施用有机肥料。在父辈的指导下，他们还制定了"以短养长，长短结合"的发展策略。目前正在实施基于沼气工程、生态堆肥、自制酵素、雨水收集、废水处理等生态技术支撑的生态种养农庄。本次大学生支农队来村里实践就是一次他与中国人民大学乡村建设中心联络沟通实施的开放式互动式产销一体式活动，今后这样的活动会持续推进。通过一手联合农户抓生态生产，一手联合各方社会资源抓社群营销，实现产销互通，以销定产。

成绩面前不止步

俗话说，靠山吃山，靠水吃水。在 2015—2017 年期间，他在县城小河亲雅苑开了沁州土特产店，专用于打包发货、客户体验及门店零售，帮助农民销售小米、土鸡蛋等土特产品，还与农户签订100亩种植黑玉米订单，这些既节省农民时间和成本，还创下了不少的利润。2018年，他又继续签订种植甜糯玉米订单30亩，都实现丰收，卖出的玉米反馈很好。

种植基地扩大了，张杰又准备利用山上的野菜，养黑山猪、黑山鸡，拉一条"生态养殖链"。他的经营理念是，当代的科技日益发展，许多的原生作物因为产量不能够满足人们的需求而退出市场，逐渐淡出人们的视线。

扎根农村搞生态农业的张杰，创业之初初心是传承农耕文明，推动"三农"兴旺，2018年成立公司，2019年开始建设耕兴生态农庄。

目前，他正在抓紧做两项工作，一是在杨家庄种植基地筹建生态园，满足供需产一体需要；二是在大城市搭建产品直销平台。张杰说："如果将销售渠道打通以后，就形成了从种植、收购、加工到交易一条龙，这样就可以去掉中间商这个环节，今后沁县农产品的销售就不用发愁了。"

志愿服务无限期

通过多年的不懈努力，张杰的梦想正在一步步变成美好的现实。"现在返乡创业的农村青年很多，他们不缺干劲、能力，但缺乏正确的方向引导，也缺资金和了解政策的途径。"张杰告诉记者，他们今后将打造经验交流平台让更多敢想敢干的人参与进来，有更多的青年人回到乡村建设家乡，欢迎与本县"三农"有志之士合作交流，共同推动本土"三农"发展。

"乡村沃野，天高地阔，农业创业虽然会有一些困难，但走过了春耕夏忙，眼前必将是秋实的喜悦。"张杰表示将继续奋斗在乡村大地，为乡村振兴贡献力量。

——中国新闻网（2019-8-28）

第八节　念好"蔬菜经"——蒋力伟

"辣椒价格经常'跳水',由 5.6 元/千克降到 3.2 元/千克。这蔬菜价格波动太大,有时候,一天内的市场价都可能差出去两倍。"年仅 25 岁的蒋力伟说话老练,办事周到,"我搞这个合作社已两年了,从最初的 50 亩发展到现在的 120 余亩,路越走越顺畅。下一步,我准备再流转 100 亩土地,将周围种辣椒的散户都吸收到合作社里,将辣椒这个行业做深做强,并创立自己的绿色品牌。"

回乡创业　小伙建起辣椒大棚

1993 年出生的蒋力伟大学学的是养殖专业,受家庭影响,在大学里他就做好回乡创业的打算。毕业后,他进入哈尔滨市农牧集团工作。一年的时间里,他从基层养殖干起,组长、课长、队长,晋升格外顺利。不菲的收入,对口的专业,这些并未消磨掉他心中创业的激情。2013 年,双城区启动"大学生创业"扶持项目,蒋力伟毅然辞掉这份同龄人都羡慕的工作,投身于创业的热潮中。

现实的残酷给了这个年仅 20 岁的小伙子当头一棒。无项目、无资金、无市场、无场地、无人才,还没学会"游泳"的蒋力伟呛了好大一口水。迷茫之际,在县农业局上班的同学给他出了一个点子,种辣椒。当时辣椒的行情不错,更关键的是,辣椒种植成本较低,刚刚创业的他可以凭自己的能力支撑起这个致富项目。通过一年多的努力,蒋力伟在老家永胜乡乐乡村流转了 50 亩土地,建起 40 余个辣椒种植大棚,创建了一个属于自己的小型种植专业合作社,产品供销两旺,覆盖了周边市场,为了实现带领乡亲们共同致富的梦想,他筹划着实施"合作社+散户"的经营管理模式。

遭遇挫折　政府扶持挺过难关

创业总是伴随着风险，2014 年，蒋力伟的创业梦差点破灭。"那时赚了点钱，头脑发热，盲目上马新产品。结果引进的新品种不服水土，全死了。"蒋力伟蹲下身摸着大棚里绿油油的线椒，"不但把赚的钱全贴进去，还借了外债，场子都快撑不下去了。是政府拉了我一把，乡里的干部帮我跑贷款。如果没有政府扶持，也就没有现在的规模了。"解决了资金问题，蒋力伟开始稳扎稳打，并与双城区农业局的专家建立联系，引进的种植品种全部经过科学验证，产量和质量都有保证。在专家指导下，蒋力伟的种植基地开始扩大规模，并吸收周围 20 户种植散户，创立了双城区腾翔种植专业合作社，产品也由单一的辣椒发展到西瓜、葡萄、黄瓜等果蔬品种。"现在平均亩产果蔬 2 500 千克，年景好的话，一年净利润能达 80 万元。"蒋力伟说。

回报家乡　致富不忘带动村民

富了不忘乡亲。每年种苗、采摘的 4 个多月时间，蒋力伟的合作社种植基地里挤满了周围乡村的农民。"6—10 月都是采摘旺季，那时合作社要雇 30 个人，每人每天的工资是 40~50 元。离家近、工作时间不长、工资又高，大家都愿意来我这里干。"蒋力伟指着大棚里劳作的农民说。

如今，蒋力伟的合作社种植的辣椒、西瓜等产品已经在双城区和哈尔滨市城区建立了自己的代销点。"现在我的营销网络多采用代销+零销的模式，将产品直接铺货到大型农贸市场，缴纳代卖费、行用费和入场费后，由市场统一代销，将款直接划到合作社账上，既方便又省事。另外，在双城区和哈尔滨市城区我又发展了 5~10 个零销商，由他们上门取货，钱货两清，这样既避免纠纷，又节省了不小的开支，尽管价格有点低，但利润还是很大的。"他指着临时拉起的保温棚说，"这是今天我刚摘的果，已经约好了，晚上一个客户来拉走。仅这一个客户就走货 2 000 千克。我要抓紧时间，趁着旺季多销点货，这样明年的日子就好过多了。"

"现在国家提出乡村振兴战略，鼓励年轻人回乡村创业。"蒋力伟兴奋地说，"其实，我们大学生除了进城工作外，也可以在农村发挥自身优势，帮乡亲们致富。"目前，蒋力伟正在筹划注册自己的果蔬公司，将创建自己的品牌，带动周边的父老乡亲共同致富。

——哈尔滨新闻网（2018-11-12）

第九节　三次创业放飞人生梦想
——张德华

第一次创业：创出了金灿灿的"苏州府"品牌

1962 年 11 月，张德华出生在湖北省钟祥市石牌镇彭墩村的一个农民家庭。他放过牛、贩过鱼、学过木工、烧过锅炉、捧过"铁饭碗"，直到走上钟祥市劳动能源公司经理的岗位，一直勤奋肯吃苦，一步一个脚印。

1998 年，怀着创业的梦想，张德华向单位递交了辞职申请书，组建了荆富商贸有限公司，开办了"夜上海食府"。他挖空心思，从武汉高薪聘请专门熬汤的师傅，制作出了第一个特色菜——"张氏土鸡汤"。这一品牌汤，让"夜上海"火了！接着他又开办了"苏州府"餐饮，并设立了苏州府阳光分店、苏州府掇刀分店等，规模扩张、品牌连锁成效显著，"苏州府"很快成了荆门市响当当的餐饮业龙头企业，张德华掘到了创业的"第一桶金"。

正当张德华的餐饮企业发展如日中天时，又一个机遇将他的人生和事业推向了一个更加广阔的发展天地。

第二次创业：创出了全省新农村建设示范村

2003 年年底，张德华怀着带领家乡村民共同致富的梦想，在他的家乡——钟祥市石牌镇彭墩村租赁荒山荒坡荒水 2 900 亩，组建了华科农业园发展种植、养殖业，他认为这样既可以为苏州府酒店提供绿色、健康的原材料，又可以安排乡亲们就业增加经济收入。他回村办的第一件事就是自己出资 130 万元，修通了从邻近的江湾村到彭墩村中心 4.8 千米的水泥大道，这是彭墩村开天辟地的第一条大道，解决了村民"雨天一身泥、晴天万把刀"的行路难问题。张德华又投资 5 000 多万元进行基础设施建设，彭墩村开始大力调整农业产业结构，从此翻开了彭墩村历史新的一页。

2008 年 10 月，担任村党总支书记的张德华带领党总支和全村干部群众全身心地投入到村建设上来，并在华科农业园基础上成立了"湖北青龙湖农业发展有限公司"，2012 年，组建"湖北彭墩科技集团有限公司"。从此，张德华在彭墩走出了一条"以企带村、村企一体"的创业发展新路。

在打造农村产业品牌上，他以农户为基础，建立"公司+基地+农户"的生产经营模式，重点发展种植、养殖和加工业，拓宽延伸农业产业链，四年打出"六大品牌产业"：一是水禽养殖品牌，总投资 8 000 万元，建立年孵化 2 000 万只商品鸭苗的种鸭养殖基地；二是家禽养殖品牌，先后投资 500 万元，建立年存栏 10 万只的蛋鸡场；三是生猪养殖品牌，全村饲养生猪过万头；四是渔业养殖品牌，利用 2 000 亩水面，增加科技含量，养殖特种水产品；五是优质水稻品牌，种植无公害优质有机水稻 6 000 亩；六是精品蔬菜品牌，建设蔬菜大棚 2 000 亩，2013 年 5 月又引进美国、日本、罗马利亚等国精品葡萄品种，培植了 530 亩集科教、观光、采摘于一体的葡萄生产基地，成为彭墩现代农业的一大景观。2014 年积极投身柴湖振兴发展省级战略，在柴湖建起了820余亩的果蔬基地。

同时，他深挖土地资源、改善村民生活环境。2007年，张德华在四组搞"迁户腾地"试点，统一设计、统一建造的农民住宅小区，每户占地400平方米，楼体美观大方，楼前栽有绿化带，院内建有沼气池、杂物间、猪舍、牛栏，室内装有有线电视、电话、宽带、自来水、下水道、车库等配套设施一应俱全。2007—2014年，分四期集中兴建了农民新居，全村村民都住进了小洋楼。

在张德华的带领下，彭墩村发生了巨大变化：基础设施建设有了明显加强；物质、文化生活有了明显改善；产业结构得到了有效调整；村民经济收入显著提高，2016年人均纯收入达到35 000元。

第三次创业：创出了大彭墩的新天地

一向胆大，敢想、敢做、敢为是张德华的天性。

两次创业成功的张德华没有丝毫满足和懈怠，反而更加踌躇满志、雄心勃勃，决定依托彭墩作为中国农谷核心区的定位，将彭墩村的效应放大，开始建设"1+9"大彭墩的再创业。

彭墩"1+9"，即以彭墩村为中心，向周边9个村辐射，整体规划，融合发展，共同富裕。具体涉及钟祥市的彭墩、皮集、横店、胡冲、胡刘、郑坪和东宝区的江湾、杨冲、泗水桥、荆东村10个村，版图面积14.8万亩，农户4 600户，人口10 200人。

2016年，张德华提出彭墩未来5年的发展目标：以科技创新为核心，加快转变农民经营理念和转变农业发展方式，建设四个板块：建设14.8万亩的国家现代农业示范区彭墩智慧农业园区，创建国家农业高新开发区；建设以长寿食品产业园为核心的农副产品加工全产业链板块，创建新型农业综合体；建设中国田园古村落彭墩长寿小镇，创建国家5A级风景区，实现年游客达400万人次、营业额5亿元的大旅游板块；建设集展示、商贸、电商、物流于一体的中国农谷CBD板块，创建农业供给侧改革成果展示中心。未来目标完成年销售额 300 亿元。

"让故乡更美丽，让家乡农民更富裕。这是我回彭墩创业时的梦想。"如今，张德华的梦想更加远大：他要让大家在这里看到，农业是一个赚钱的行业，农民是一个有尊严的职业，农村是城里人向往的地方。

——荆门日报（2018-2-11）

第十节　中国农产品标准化建设的践行者——朱壹

朱壹，现任江西绿萌科技控股有限公司董事长兼总经理，高级工程师，先后被评为"全国农村青年创业致富带头人""全国劳动模范""首批全国农村创业创新优秀带头人""江西省劳动模范""江西省最可爱农业人""江西省科技进步三等奖""江西省科技进步二等奖""江西青年五四奖章称号""赣州市十大工匠"；获"农业科教人员突出贡献奖""赣鄱英才 555 工程领军人才"等荣誉称号。

创业历程

1995 年，朱壹毕业于江西省龙南师范学院，毕业后在信丰油山镇中心小学任教 2 年。1997 年，他因受赣南脐橙开发热潮流的影响，放弃了教师职业，选择了到江西农业大学进修果树学，并对果蔬采后处理产生浓厚的兴趣。2 000年毕业后进入江西长安园艺场从事脐橙种植、销售。当他把赣南脐橙拿到上海家乐福超市、出口到香港销售时，发现品质优异的赣南橙无论如何价格都不到美国新奇士橙的一半（当时美国橙 24 元/千克，赣南橙只有 8~12 元/千克），经销商都承认赣南橙的内质口感、外观、色泽都超过美国，但同时也反映他们的产品大小不一样，颜色不一样，果型也不一样，与美国新奇士橙没法比。分析表明，种植水平他们能超过美国，可是脐橙的采后商品化处理（清洗、分选等环节）他们是空白，他们没有标准，更没有品牌可言。

经过了解，当时美国新奇士使用分选设备是2.0时代（电子重量分选设备）的大型设备，价格动辄千万，而他们的分选设备1.0时代（滚筒分级机），采后处理能力的不足导致标准缺失。经过大量的调研，他发现中国果蔬采后处理在世界极其落后，几乎是空白，当年果蔬采后处理的平均水平不足5%，世界发达国家达到70%以上，而且采后处理对果蔬增值起到重要作用，经查阅国外资料发现，发达国家采后环节的增值可达到1∶3.7，平均可达1∶2.85。我国果蔬总产量近6亿吨，如果果蔬采后环节达到国外标准，那就能增值几万亿元，农民的收入可大幅增加，中国农产品竞争力可大幅提升，未来，果蔬产品实现品牌化、标准化才能与国外产品竞争，也是未来果蔬产业发展的唯一的出路，想到这些，他做了一个大胆的决定，必须研制出先进的果蔬采后处理设备。

2001年他成立了江西绿萌农业发展有限公司（现在的江西绿萌科技控股有限公司），定位为果蔬采后处理解决方案服务商，研制生产先进的分选机等采后设备，服务中国果蔬采后商品化处理行业。经过不断摸索，不懈努力，功夫不负有心人，在2003年中国第一台电子果蔬分选机在绿萌诞生，并且成功销售至深圳布吉农产品市场（南方农产品的集散地），大量的赣南脐橙通过这台设备分选后出口到了香港，进入了国内的跨国超市，达到了国际标准。后来，在赣南脐橙产量上升高峰期，江西省检验检疫局联合市委市政府提出属地出口包装厂备案制，绿萌因先进的技术，且符合其中的设备标准，公司开始获得了大量的订单，赣南95%的分选设备全部由绿萌提供，此时，他并没有停下摸索创新的进步，他知道这个时候，国际已经在开始推广更为先进的视觉、重量多元信息融合为一体的设备，如果他们不抓紧开发新一代产品，他们会被国际上踢到第二阵营。

2006 年他开始组建更强大的研发团队，在北京、深圳设立分支机构，研发"果蔬多源信息融合超大型分选设备"，他与中国科学院、中国农业科学院合作，经过 5 年努力，在 2011 年成功研制出新一代装备。此项成果填补国内空白，改变了我国高性能果蔬自动分选设备长期依赖进口的被动局面，极大地提高了我国包括脐橙、蜜橘、苹果和马铃薯等果蔬采后处理的自动化水平，对于推动我国水果分选机械的技术进步具有重要意义。2014 年，他又在国内率先研发出果蔬内部品质在线无损检测与外部品质检测一体化分选机，该技术成果可以根据果蔬的重量、形状、颜色、瑕疵、糖度、酸度、空心等内外部特征指标进行精细化分选，可以满足并引导消费者的个性化需求，并已在国内外市场推广销售。

创业成果

如今，绿萌已发展成一家集果蔬采后处理设备制造、果蔬采后服务以及果品种植为一体的高新技术企业、江西省农业龙头企业，是中国果蔬采后处理设备制造的领军企业，获得了 4 项发专利及80 余项实用新型专利，公司是农业部农业机械试验鉴定总站的果业机械检测技术试验示范基地，是国家脐橙工程技术研究中心组建单位之一，是江西省果蔬采后处理工程技术研究中心的依托单位，是国家农业部行业标准"水果分级机""水果清洗打蜡机"质量技术规范的起草单位之一。公司先后获得"江西省优秀重点新产品"奖、"全国食品工业优秀龙头食品企业""江西省科技创新先进企业""江西省科技进步二等奖""江西省科技进步三等奖""赣州市科技进步一等奖""江西省名牌产品""赣州市市长质量奖"等。

目前，公司在全国 23 个省份及海外 11 个水果主产国销售果蔬采后装备 600 余套，覆盖全国柑橘、苹果、猕猴桃、西红柿等果蔬主产区，占据国内高端分选设备应用市场的 75% 以上，有力地推动了我国果蔬采后处理的发展，打破了我国高端采后处理装备长期依赖进口的局面，显著提高了果蔬产品商业附加值，根据实际测算，研发产品单通道可处理水果 8 吨/小时，而经精细化处理的果品，附加值每吨可提高 1 000 元以上，项目的推广应用将促进农民增收、企业增效，增加就业，产生了巨大的社会经济效益。

展望未来

当前，他定下了新的目标，他开始了新的征程，他规划下一个系列研发任务：无公害的果蔬保鲜设备研制，降低果蔬保鲜的农残问题；果蔬采后自动化的辅助设备研制，设备解决劳动力紧张的问题；农业物联网（智慧农业）在果蔬采后包装厂的应用；致力于推动全球果蔬产业标准化建设，打造国际一流的果蔬采后装备民族品牌。他说："我们要以工匠的精神促使国内果蔬采后技术接近或超越国际发达国家，把中国果蔬采后标准建立起来，并不停地推动其进步，我国的果蔬产业品牌化才有希望，农民才能有更丰厚的收入。

回报社会

公司发展壮大之后，朱壹不忘回报社会，他一直强调："扶贫帮困工作是我们义不容辞的职责，我们要高度重视，积极参与，承担企业应尽的社会义务，要把扶贫开发工作作为一件大事来抓，不断提高认识，认真落实措施，严格履行工作职责，从人力、物力、财力方面促使扶贫工作的深入开展"。近几年，公司为各类扶贫活动捐助达 132 万元，主要集中在教育、修路等捐助帮扶上，为乡村教育、出行上提供微薄的力量，他的一系列善行，得到了群众及政府的一致认可，并被推选为赣州市人大代表。

——农业部农村社会事业发展中心（2018-3-19）

主要参考文献

范润梅. 2019. 农民创业致富读本 ［M］. 北京：中国科学技术出版社.

刘富才，陈晓健. 2019. 创新创业基础 ［M］. 长春：东北师范大学出版社.

刘云海. 2015. 新型职业农民创业实务教程 ［M］. 北京：中国农业出版社.

潘可可. 2017. 农类大学生创新创业教程 ［M］. 北京：中国农业出版社.

王学平，顾新颖，曹祥斌. 2016. 新型职业农民创业培训教程 ［M］. 北京：中国林业出版社.

主要参考文献